Mercedes-Benz/8
Der Millionen-Seller

Alexander F. Storz

Impressum

Einbandgestaltung: Luis dos Santos, Sven Rauert
unter Verwendung von Fotos aus dem Archiv der Daimler AG

Dank und Fotonachweis:
Archiv Mercedes-Classic (174), Archiv Opel (2), Archiv Porsche (2), Continental (5), Archiv Storz (104), Hans-Joachim Altstadt (1), Waldemar Behn (1), Jens-Peter Berthmann, Wolfgang Diem (1), Alexander Franc Storz (17).

ISBN 978-3-613-04488-3

1. Auflage 2022

Sie finden uns im Internet unter WWW.MOTORBUCH-VERLAG.DE

Lektorat: Joachim Hack, Joachim Kuch
Innengestaltung: Markus Köllmann, Sina Bladek, tebitron gmbh
Druck und Bindung: Printed by GPS in Bosnia-Herzegovina
Printed in Slovenia

Mercedes-Benz/8

Der Millionen-Seller

Alexander F. Storz

Motor
buch
Verlag

Inhalt

Natürlich gibt es in diesem Buch offizielle und teilweise auch sterile Pressefotos zu sehen. Aber viel mehr authentische, zeitgenössische Schnappschüsse wie diese verbotswidrige Parkszene am Hamburger Meßberghof im Kontorhofviertel. Mit Lokalkolorit, Zeitgeist und Wahrhaftigkeit. Was das Buch nicht zu bieten hat: moderne Digitalfotos restaurierter Autos, die von Originalität weit entfernt sind.

Einleitung

Der Mercedes Strich-Achter, der W 114 / W 115, die »Neue Generation«, die »Wanderdüne« – viele Bezeichnungen für ein Auto. Nahezu ohne Unterbrechung gelang den W 114 / W 115 der Sprung zum Klassiker. Es hat bis heute keine Zeit gegeben, in der ein Mercedes dieser Baureihe wertlos war, einen richtigen Tiefpunkt hat er nie erlebt. Während der Strich-Achter in unseren Breitengraden längst zum Liebhaberfahrzeug avancierte, sind Tausende davon im Nahen Osten noch im Alltagsbetrieb unterwegs gewesen. Sie wurden in den 1980er Jahren en masse vor allem in den Libanon, nach Syrien, Jordanien und in den Irak exportiert und waren dort lange Jahre Statussymbol und Taxi zugleich. Das wären sie unter Umständen heute noch, denn die klimatischen Bedingungen in diesen Ländern sind dem Überleben alter Autos

Der Strich-Achter strahlte genügend Würde und Gediegenheit aus, um als Hochzeitsauto am schönsten Tag im Leben zu fungieren. Und die Braut hatte dank ordentlicher Innenraummaße auch keine Probleme, trotz ausladenden Brautkleids bequem Platz zu finden.

Ein Beispiel für ein Pressefoto. Im Gegensatz zu manch anderem Hersteller sind die offiziellen Daimler-Benz-Fotos teilweise sehr schön inszeniert und gar nicht klinisch rein. Für diese Aufnahme im Morgennebel mussten sie alle früh aufstehen, Fotograf, Model und Auto.

sehr förderlich. Doch die Kriege und Bürgerkriege in diesen Ländern während der vergangenen 30 Jahre zerstörten sehr vieles, und darunter gerade Automobile mit dem Anspruch, Vertreter des abendländischen Kapitalismus' zu sein.

Jedenfalls reduzierten diese Exporte die Bestände des Mercedes W 114 / W 115 in der Bundesrepublik merklich. Trotzdem gehört der Strich-Achter heute zu den in Deutschland am meisten verbreiteten Fahrzeugen mit H-Kennzeichen oder roter 07er-Zulassung.

Die Rangliste führt (natürlich!) der VW Käfer an, gefolgt vom Mercedes W 123 und R 107, Platz 4 hat der Porsche 911 inne und dann folgt bereits der W 114 und W 115. Und mit klassischen Mercedes geht es munter weiter in den H-Top-10: Die Heckflosse auf Platz 7, die Pagode auf 8, der W 116 und der W 108 auf Platz 12. Keine Frage: Mercedes-Wagen sind in Deutschland die beliebtesten Klassiker.

Und in der H-Statistik sind die auf ein rotes 07er-Kennzeichen zugelassenen Strich-Achter gar nicht enthalten, denn sie erfasst die Zulassungsbehörde nicht typspezifisch, sondern unter »sonstige Pkw«.

Privatfotos haben natürlich einen voyeuristischen Touch. Aber sie zeigen den Strich-Achter eben im Gebrauch, nicht fabrikneu, im Alltag, und manchmal sogar mit ein paar Narben.

Manchmal spielt er auch kaum eine Rolle auf dem Foto. Der Nürnberger Wochenmarkt im Jahre 1970, und der 200 D Automatic ist ein zufälliger Statist, ebenso wie der BMW 1602, der Opel Rekord C und die VW T2a Kombis.

Heute ist ein Mercedes Strich-Achter also ein arriviertes und äußerst beliebtes Liebhaberstück. Bis Mitte der 1980er Jahre war er ein Alltagswagen, auch wenn damals eher die jüngeren Modelle nach der 1974er Modellpflege auf der Straße waren. Viele Privatleute fuhren ihren Mercedes lange und pflegten ihn gut. So manch einer gönnte sich kurz vor der Rente endlich einen Mercedes, von dem er stets geträumt hatte, und nahm sich vor: »Den fahre ich, so lange ich lebe.« Etliche Mercedes haben ihren Herrn überlebt. Gepflegte Rentnerfahrzeuge sind stets die am meisten gefragten Fahrzeuge derer, die sich mit visionärem Blick schon früh einen älteren Mercedes zulegen – zu Zeiten, da die Auswahl noch groß ist.

Per Definition ist er ein Oldtimer. Aber das Wort klingt so sehr nach Schnauferl. Dabei fühlt man sich am Steuer eines Mercedes W 114 / W 115 mitnichten wie in einem alten Wagen, wenngleich er puren Zeitgeist atmet. Ihn heute zu bewegen, ist nicht anstrengend – weder für den Mercedes noch für seinen Lenker. Vielmehr macht es großen Spaß. Am ehesten trifft die Bezeichnung »Kult-Auto« auf ihn zu, auch wenn dieses Wort inflationär verwendet wird und somit überstrapaziert ist. Unsere Väter und Großväter fuhren ihn als Familienauto, als Vertreterwagen, als Taxi. Er hat unsere Kindheit begleitet und wir sind in ihm groß geworden, reisten damit in den Urlaub und haben samstags geholfen, ihn zu waschen und zu polieren. Oder unsere Väter hatten von ihm geträumt, weil sie 17m-, Ascona- oder Passatfahrer waren. Jedenfalls war der Strich-Achter ab 1968 rund 20 Jahre lang sehr präsent im Straßenbild. Er prägte unser Bild vom »Daimler«.

Eine Ausnahmestellung hatte das Coupé inne. Sein Styling war von Anfang an umstritten und die Charakterisierung schwankte zwischen einem bewundernden »hochelegant« und einem despektierlichen »rasender Kofferraum«. Aber ein Mercedes-Coupé stellte schon immer etwas Besonderes dar und ist es auch stets geblieben. Es war nie eine falsche Entscheidung, eines zu kaufen, und der Erwerb nie eine falsche Investition.

Langenburg über dem Jagsttal, ausnahmsweise mal ohne Schloss, aber mit Fachwerkhäusern und Stadttor in der historischen Altstadt. Damals gar nicht historisch, sondern brandneu und rostfrei ist der Mercedes, Aufnahme 1969.

Sehr dynamisch: Werksintern spricht man von der »Mopf«, was eine Abkürzung für »Modellpflege« ist, im allgemeinen Sprachgebrauch ist das neudeutsche »Facelift« gebräuchlich. Mit der Mopf zum Modelljahr 1974 kamen frische Farben wie dieses sonnige und knallige und knackige Saharagelb 673. Eine seriöse Mercedes-Limousine in dieser Farbe konnte nur Mitte der 1970er Jahre entstehen.

So mancher junge Mann begann seine automobile Karriere mit einem Diesel-Strich-Achter. Denn der Gedanke besorgter Väter war nicht abwegig und gerade zu Strich-Achter- und W-123-Zeiten recht verbreitet: Ein halbwegs bezahlbarer Mercedes 200 Diesel für Sohn oder Tochter, gerne 10 oder 15 Jahre alt, kann Leben retten. Denn, so die Überlegung, ein 200 Diesel, wegen seines Temperaments eben gerne als »Wanderdüne« verschrien, erstickt sämtliche motorsportliche Ambitionen des Sohnemanns im Keim, und falls es doch mal krachen sollte, so schützt ihn eines der stabilsten Autos der Welt. So kam es, dass in so manchem Diesel-Strich-Achter in den 1980er Jahren lustige Joints geraucht wurden, die Wagen einen Atomkraftgegner-Aufkleber trugen und ihr Pflegezustand nicht jenem entsprach, der eigentlich einem Wagen aus dem etabliert-bürgerlichen Milieu angemessen sein sollte.

Der pure Durchschnitt, ein früher 220 D in Herbstbeige 424 in ordentlichem Erhaltungszustand. Bis Ende der 70er gehörte er zum Straßenbild, dann begann ein kurzer Abstieg seiner Reputation, um spätestens Ende der 1980er Jahre zum Liebhaberstück zu werden. Es gibt viele gute Exemplare, aber wenige im Originallack.

Im voll besetzten Wagen reiste man zur Startbahn West, nach Brokdorf oder nach Gorleben in die »Freie Republik Wendland«. Doch so mancher junge Mann von damals mag durch den ersten, angerosteten Diesel seine Zuneigung zu diesem Fahrzeug entdeckt haben und gehört heute, mit grau melierten Schläfen, zu jenen, die einen guten W 114 / W 115 mit H-Kennzeichen fahren. Und es riecht darin nicht mehr nach Joints und es kleben auch keine aufständischen Parolen mehr auf dem Kofferraumdeckel.

Alexander Franc Storz
Ulm, im Juni 2022

Kapitel Eins

Eingebettet in Raum und Zeit: Die Genealogie

Die Ahnengalerie des Mercedes W 114 / W 115 kann bis zum Vorkriegs-170er zurückreichen. Aber nur, wenn man außer Acht lässt, dass sich die Begriffe des Alltagsautos, der Mittelklasse und der gehobenen Mittelklasse mit der Zäsur des Zweiten Weltkrieges geändert haben. Die automobile Klassengesellschaft wurde nach 1945 neu sortiert. War der 170 V des Modelljahrs 1936 noch ein verhältnismäßig kleiner Wagen und zählte der damalige 290 zur Mittelklasse, so stieg der Mercedes 170 nach dem Krieg um eine Stufe auf und war ein veritabler Mittelklassewagen. Die Schwelle zur Oberklasse markierte nun der 220, und der Mercedes 300 war ein Luxuswagen. Jedenfalls besteht eine stringente Linie vom Mercedes 170 V über den Ponton-Vierzylinder und die »kleine Flosse« zum Strich-Achter. Diese Linie setzt sich bis zur aktuellen E-Klasse fort – wenngleich die E-Klasse mit der Baureihe W 210 ab 1995 in ihren Abmessungen die Maße der bisherigen S-Klasse erreichte und diese sich wiederum seither (ab der Modellreihe W 140) in zuvor ungeahnten Größen bewegt.

Der Klassiker: Mercedes 170 V (W 136)

Auf der Berliner Automobilausstellung 1936 präsentierte Daimler-Benz den 170 V (W 136), der innerhalb kurzer Zeit zum meistverkauften Mercedes vor dem Krieg avancieren sollte. Er war ein reines Gebrauchs-Automobil ohne Allüren und hatte einen konventionellen Vierzylinder-Reihenmotor, 38 PS stark, genügsam und zuverlässig. Die viertürige und viersitzige Karosserie ruhte, wie damals üblich, auf einem separaten Rahmen, der dritte und vierte Gang waren synchronisiert. Daimler-Benz bot neben dem geschlossenen Viertürer mehrere Karosserievarianten an: Zweitürer-Limousine, viertürige Cabriolimousine, offener Tourenwagen zwei- und viertürig, Cabriolet A als Zweisitzer mit zwei Seitenscheiben, Cabriolet B als Viersitzer mit vier Seitenscheiben, Roadster mit Notsitz im Heck sowie Spezialfahrzeuge für Behörden, das Militär und das Taxigewerbe. Von Dezember 1935 bis zur kriegsbedingten Produktionseinstellung im Juni 1942 fertigte Daimler-Benz knapp 75.000 Exemplare, ab 1940 wurden Zivilkunden nicht mehr beliefert, und die Militärfahrzeuge profitierten von einem voll synchronisierten Getriebe.

Gleich 1946 nahm das Werk die Herstellung wieder auf, zunächst nur Liefer- und Pritschenwagen. Im Juni 1947 lief die reguläre Produktion an, lediglich die viertürige Limousine wurde angeboten und entsprach bis auf Marginalien der Vorkriegsversion. Auf der Industriemesse in Hannover 1949 präsentierten die Stuttgarter den 170 D mit 38 PS starkem 1,7-Liter-Diesel. Mit dem 170 Va und Da erschien im Mai 1950 der überarbeitete Typ, nach wie vor der einzige Personenwagen im Programm. Dank etwas größerem Hubraum leisteten der Benziner 45 und der Diesel 40 PS. Eine breitere Spur brachte neben besseren Fahreigenschaften auch etwas mehr Platz im Innenraum, und der Kofferraumdeckel war unten angeschlagen. Im April 1952 kamen der 170 Vb und Db, äußerlich zu identifizieren an den beiden parallel verlaufenden Sicken in der Motorhaube anstelle der schrägen Kiemen, weiter um die Karosserie gezogene Stoßstangen und eine größere Windschutzscheibe. Erneut wurde das Fahrwerk auf mehr Komfort getrimmt, Daimler-Benz konstruierte eine neue Hinterachse. Der 170 Vb und Db lief bis September 1953 vom Band. Gleich im Stil, aber insgesamt eine Nummer größer, war der 170 S, quasi die erste S-Klasse, und der nachgeschobene 170 S-V verband nach Erscheinen des Ponton-180ers die Karosserie des seitherigen 170 S mit Motor und Vorderachse des V-Modells.

Die Mercedes-Neuheit 1952 in der 170er-Palette ist der 170 Vb mit parallel verlaufenden Sicken anstelle der schrägen Luftschlitze an der seitlichen Motorhaube.

Wagenpflege vor dem Haus: Berliner 170 S mit Blinkern vom VW Käfer, Halterungen für Standarten an den Vorderkotflügeln, einem Wimpel am Grill und einem Suchscheinwerfer am A-Pfosten.

Dynamische 170er bei der ADAC-Deutschlandfahrt vom 30. Mai bis 4. Juni 1950: 170 S W 136 IV Cabriolet A neben 170 S W 136 IV Limousine.

Damals schon ein ziemlich alter Wagen: Mercedes 180 b ab Juli 1959, in vollem Ornat beim Schützenfest in Hannover-Wülfel im Sommer 1970.

In Pontonform: Mercedes 180/190 (W 120/W 121)

Ein modern konstruiertes Automobil in selbsttragender Bauweise war der Mercedes 180 (W 120), im Juli 1953 präsentiert, der 180 D folgte im März 1954. Seine Karosserie wies keine separaten Kotflügel mehr auf, lediglich die hinteren waren leicht angedeutet – daher sprach der Volksmund vom »Ponton-Mercedes«. Innen- und Kofferraum gaben sich geräumig, die Verglasung gar großzügig, die Ausstattung komfortabel, die Konstruktion ausgefeilt, die Qualität solide: Der 180er gehörte zweifellos zur gehobenen Mittelklasse und damit in jenes Segment, das all seine Nachfolger bis zur aktuellen E-Klasse eingenommen und diktiert haben. Eine konstruktive Eigenheit der ausschließlich viertürigen Limousine war der so genannte Fahrschemel, die Einheit von Motor, Getriebe, Vorderachse und Lenkung. Lediglich die Motoren wurden mit Modifikationen vom 170 Sb respektive 170 D, 170 DS und 170 S-D übernommen: 52 PS Leistung, 1767 cm³ Hubraum beim Benziner, 1767 cm³ und 40 PS beim Diesel, 43 PS ab September 1955.

Für den Sportwagen 190 SL konstruierte Daimler-Benz einen modernen Motor mit oben liegender Nockenwelle, technisch mit den 1951 herausgebrachten Sechszylindern verwandt. Diesen 1897-cm³-Motor kombinierte das Werk ab Mai 1956 mit der 180er-Karosserie und schuf den Mercedes 190 (W 121 I). Die 105 PS aus dem Sportwagen blieben ihm aber verwehrt, 75 Pferde mussten reichen, das Fahrwerk wurde der Mehrleistung angepasst. Geschickte Verwendung von Chromzierrat und ein etwas breiterer Kühlergrill verliehen dem Mercedes 190 ein eigenständiges Äußeres. Parallel zum Benziner wurde ab Oktober 1958 der 190 D angeboten. Dessen Selbstzünder war vom Benzinmotor abgeleitet, hatte also auch eine oben liegende Nockenwelle, aber einen Grauguss- statt des Aluzylinderkopfes. Er leistete 50 PS und ergänzte den 180 D.

Das moderne ohc-Triebwerk des 190 tat ab August 1957 auch im 180 a (W 120 II) seine Dienste, die Leistung wurde auf 65 PS reduziert, und er teilte sich mit dem größe-

Das Kleid passt zum Auto – oder umgekehrt. Der 190 Db ist etwas aufgebrezelt mit Scheinwerferschirmchen, Talbot-Zusatzrückspiegeln, einer nachträglich angebrachten Zierleiste à la 220, und dem subjektiven Sicherheitsgefühl des Fahrers dient das Hufeisen im Kühlergrill.

Schnappschuss auf Kaiser-Wilhelm-Gedächtnispflaster. 1956 erschien der 220 S und demonstriert seine Größe gegenüber dem verschüchterten Goggo Coupé hinter ihm.

ren Bruder den breiteren Kühler. Im Sommer 1957 folgte die nächste Überarbeitung beider Typen, 180 b und Db (W 120 III) sowie 190 b und Db (W 121 III). Der Kühlergrill wurde deutlich breiter, die Motorhaube flacher, die Stoßstangen erhielten eine neue Form und die größeren Rückleuchten beinhalteten nun Katzenaugen. Im Cockpit hielten zaghaft erste Ansätze innerer Sicherheit Einzug, die Funktionalität wurde verbessert und die Motorleistung erhöht: 68 statt 65 PS beim 180 b, 80 statt 75 PS beim 190 b, beim 180 Db und 190 Db blieb die Technik unverändert. Während der 190 b im August 1961 durch einen völlig neuen Wagen (die »Heckflosse«) ersetzt wurde, blieb der 180er als Typ 180 c (W 120 IV) im Programm, ebenfalls sein »nagelnder« Bruder, der 180 Dc. Dieser erhielt aber einen neu konstruierten Motor, den Zweiliter-Vorkammer-Diesel seines eigenen Nachfolgers, des Heckflossen-Typs 190 Dc. Das Aggregat entstand durch Aufbohren des bekannten 190-D-Aggregats. Im Oktober 1962 lief der letzte »Ponton-Mercedes« vom Band.

Die Heckflosse: Mercedes 190 / 200 / 230 (W 110)

Daimler-Benz sprach von »Peilstegen«. Der Volksmund zog die Bezeichnung »Heckflossen« vor und charakterisierte damit eine Generation von Mercedes-Wagen, die, mit Einheitskarosserie versehen, ein breites Spektrum vom 55 PS starken 190 Diesel bis zur 160-PS-Luxuslimousine (Mercedes 300 SE) abdeckte. Im Wesentlichen unterschieden sie sich nur durch den Karosserievorbau.

Die schönsten drei Wochen im Jahr sind der Sommerurlaub. Mercedes 190 aus Lörrach in unüblichem Diamantblau 355. Lörrach liegt im südwestlichen Zipfel Württembergs, von dort aus ist es nur ein Katzensprung in die Schweiz.

Eine letzte Rast im Westen vor der Zonengrenze: die Raststätte am Übergang Töpen-Juchhöh, ein paar Meter vor dem Kontrollpunkt. Mercedes 190 c mit Blinkern auf den Vorderkotflügeln und wenig Chrom am Heck. Mehr Chrom und deutliches 50er-Jahre-Flair versprüht der Setra S6 Clubbus.

Taxis in Las Palmas auf Gran Canaria, vor der Markthalle Albareda 1971: Mercedes 190 c und Peugeot 404.

Beide Serien nebeneinander: links ein Mercedes 200 Taxi, rechts ein privater 190 c, aufgenommen im Dezember 1969 in Kuala Lumpur, Malaysia.

Schwarzer Mercedes 200 als geschmückter Hochzeitswagen. Im Alltag verdient er womöglich als Taxi sein Geld.

Die S-Klasse (W 111) erschien im August 1959, die Mittelklasse (W 110) folgte im Juni 1961 mit den Typen 190 c und 190 Dc. Mit Ausnahme des Chromzierrates, der einfachen Stoßstangen und dem Ausstattungsgrad des Interieurs war die neue Mittelklasse ab der Windschutzscheibe nach hinten identisch zur S-Klasse. Der Vorderwagen und damit auch der Radstand waren 14,5 cm kürzer, die etwas nackte Front prägten runde Scheinwerfer, die Blinker saßen wie beim Vorgänger auf den Vorderkotflügeln vor der Frontscheibe. Der neue Wagen war deutlich größer als sein Vorgänger, das Innenraumangebot mehr als ausreichend, das Kofferraumvolumen sogar immens. Das Fahrwerk teilten sich die kleine und die große Flosse, peu-à-peu hielten zeitgemäße Komfort- und Sicherheitseinrichtungen wie Scheibenbremsen, Zweikreis-Bremssystem, Servolenkung und Automatik Einzug. Der modifizierte 190er-Benzinmotor leistete im 190 c nun 80 PS, der Selbstzünder im 190 Dc war nahezu identisch zu demjenigen aus dem 180 Dc, hatte also zwei Liter Hubraum, nunmehr aber 55 PS. Im August 1965 lösten die Typen 200 und 200 D den 190er ab. Beim Benziner wurde der Hubraum auf 1988 cm³ erhöht, und mit 95 PS war der 200er ein agiler Wagen. Die Leistungsdaten beim Diesel blieben unverändert, der Motor wurde dennoch einer Kur unterzogen und lief ruhiger. Die 200er-Typen unterschieden sich optisch durch Details vom Vorgänger, am bemerkenswertesten waren die kombinierten Nebel-, Blink- und Parkleuchten unter den Scheinwerfern, die das zuvor etwas flächige Gesicht deutlich harmonischer erscheinen ließen, und neu gestaltete, eckigere Rücklichter.

Optisch durch nichts außer dem Heckschriftzug zu unterscheiden war das Spitzenmodell der kleinen Flosse, auf der IAA 1965 präsentiert: Der Sechszylinder passte doch unter die kurze Haube, und Daimler-Benz kreierte mit dem Mercedes 230 ein Bindeglied zwischen Mittel- und Oberklasse. Zunächst leistete der aus dem 230 S bekannte Motor 105, ab August 1966 sogar 120 PS und brachte das Untertürkheimer »Muscle Car« auf Tempo 175. Im Februar 1968 machte der W 110 Platz für den Strich-Achter.

Kapitel Zwei

Die »Neue Generation«: Genesis eines Erfolgstyps

Mit der Präsentation eines neuen Modells legen die Mercedes- Entwicklungsingenieure mitnichten die Hände selbstzufrieden in den Schoß und erwarteten den sicheren Erfolg ihrer Schöpfung. Vielmehr machen sie sich sofort an die Arbeit und denken über deren Nachfolger nach. So war es auch, als 1961 die neue Mittelklasse präsentiert wurde, der 190c W 110, der Mercedes mit den Heckflossen. Damals begannen erste Überlegungen zu den Zwillingen W 114 und W 115. Wohl umrissen waren die Anforderungen, und der Neue sollte mit dem bestehenden Modell so gut wie nichts mehr gemein haben. Klar war, dass es keine einheitliche Karosserie für die Mittelklasse und die S-Klasse (diese Bezeichnung war damals noch nicht geboren) geben sollte. Die neue Mittelklasse war als originärer Wagen vorgesehen. Er sollte ein modernes Fahrwerk haben, endlich keine Pendelhinterachse mehr, die modernsten Sicherheitsbestimmungen nach Möglichkeit übertreffen, und er sollte außen schrumpfen und innen wachsen. Nach zwei Jahren standen

Große Bühne für den Nachfolger der Heckflosse: Damals war die Vorstellung eines neuen Daimler noch eines Festaktes würdig. Und man sprach nicht vom »Strich-Achter«, sondern von einer »Neuen Generation«.

Der Ober-Techniker: Hans Scherenberg leitete die Entwicklungsabteilung. Ohne ihn keine neue Schräglenkerachse. Dazu vier Scheibenbremsen, Servolenkung und hydraulische Niveauregulierung optional.

Paul Bracq (links) ist verantwortlich für das Styling von Limousine und Coupé – natürlich stets in Abhängigkeit von seinem Vorgesetzten, dem Chefdesigner Friedrich Geiger. Rechts Giorgio Battistella, von 1964 bis 1967 als Mercedes-Designer beschäftigt. Die beiden unterhalten sich über ein Designmodell Bruno Saccos, ein Mittelmotor-Supersportwagen, aus dem der C 111 entstehen sollte.

20 Jahre lang Mercedes-Chefdesigner: Friedrich Geiger (1907-1996) sorgte schon 1934 für Furore, als er den Mercedes 540 K Roadster zeichnete, und sein Meisterwerk dürfte der 300 SL von 1955 sein. Ende 1973 ging er in Rente, trotzdem prägte er noch maßgeblich den Strich-Achter-Nachfolger W 123. Bruno Sacco folgte Geiger nach.

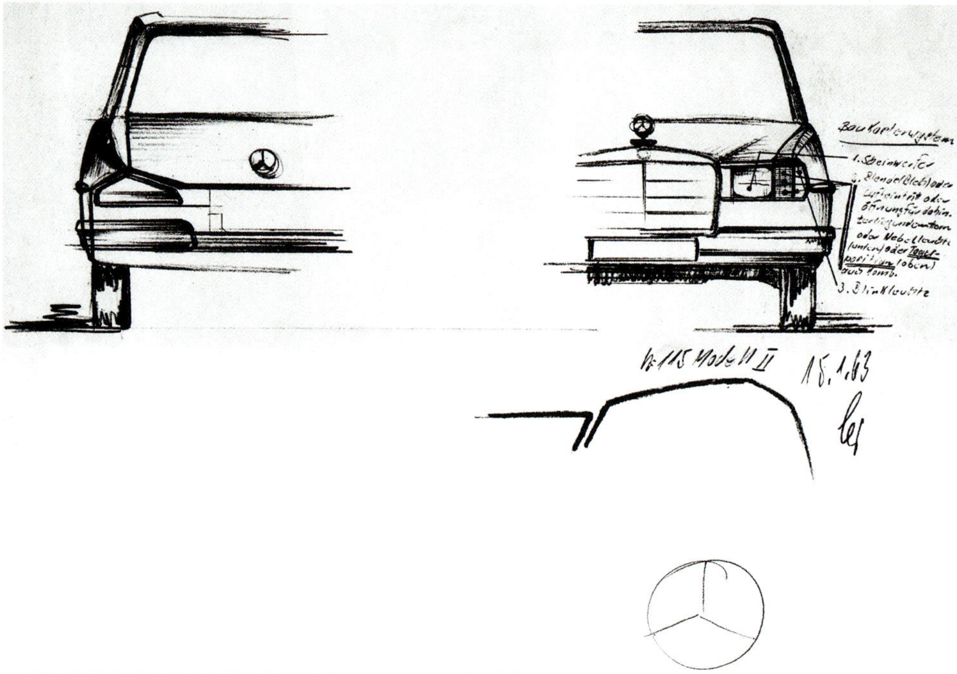

Überlegungen zum Heckflossen-Nachfolger wurden seit 1961 angestellt, im Januar 1963 entstanden die ersten Renderings. Die liegenden Leuchten waren aber wohl noch zu progressiv.

Eingebettet in Raum und Zeit: Design-Evolutionen überlappen sich von Generation zu Generation wechselseitig. Der Strich-Achter orientierte sich am 1965 erschienenen W 108 ...

... und hatte Auswirkungen auf dessen Nachfolger W 116, der wiederum Details für die Modellpflege des »Strich-Achter« vorgab.

Sehr verfälscht: In der Zeitschrift Auto Motor Sport wurden im September 1966 die ersten Erlkönigfotos gezeigt. Dem Fotografen Hans G. Lehmann gelangen scharfe Bilder des getarnten Prototypen. Erlkönigjäger wissen, wo sie fündig werden. Der Fotograf lag auf der Lauer und wartete geduldig, bis das verdächtige Objekt vorbeikam. Die Grundform zeigt sich seriennah, die Karosserie ist von Hand gedengelt, viele Details sind provisorisch.

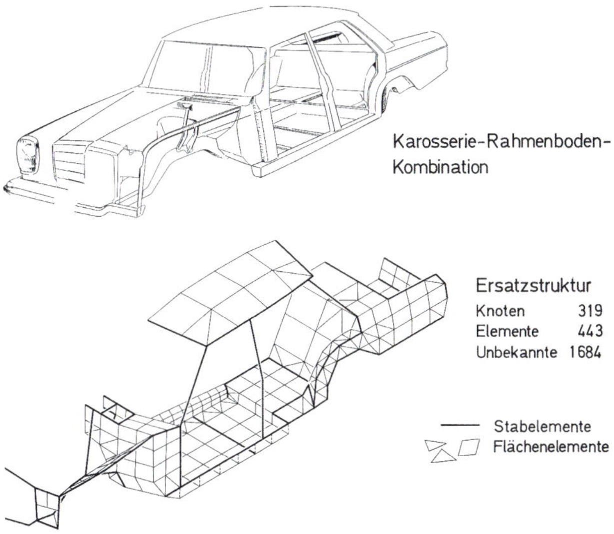

Noch arbeiteten die Konstrukteure am Reißbrett, wie es Tradition war. Doch Anfang der 1960er Jahre hatte das Computerzeitalter auch in Untertürkheim begonnen. Mit Hilfe der Elasto-Statik ESEM, dem Urahn von CAD- und Finite-Elemente-Methoden, wurde die Karosserie in kleine, leicht definierbare Grundelemente gegliedert und dann deren statische und dynamische Festigkeit berechnet. Das half, die Konstruktionszeiten zu verkürzen und Material einzusparen. Abbildung von 1968, als der »Strich-Achter« schon auf dem Markt war. Doch die hier gewonnenen Erkenntnisse flossen schon beim Facelift-Modell ein, zur Gänze dann beim W 123.

die stilistischen Eckdaten fest. Unter Chefdesigner (im Daimler-Benz-Duktus: Leiter der Hauptabteilung Stilistik) Friedrich Geiger schuf Paul Bracq die neue Karosserie – zunächst auf dem Papier. Die Designabteilung arbeitete freilich nicht an einem Projekt, sondern hatte zwei Aufgaben, deren Realisierung mit unterschiedlichem Zeitfenster betrieben wurde: Eine neue S-Klasse für 1965 und eine neue Mittelklasse für 1968. Dieses parallele Schaffen brachte natürlich eine sehr ähnliche, neue Formensprache hervor. Die für die Heckflossen-Generation charakteristische Trapezlinie war passé, die neue Generation zeigte sich niedriger, gestreckter, dabei zierlicher und weniger protzig. Nahm die Kühlergrillhöhe vom Heckflossen-Modell zur S-Klasse des Baumusters W 108 bereits ein wenig ab, so sollte der W 114 / W 115 den bis dato flachsten Mercedes-Kühler aufweisen. Für die Technik war die Entwicklungsabteilung unter Hans Scherenberg zuständig (den Startschuss dazu allerdings gab bereits sein Vorgänger, Fritz Nallinger). Ende 1963 war deren Konzept fertig, und die wichtigste Änderung

Die Straßenlage gehörte zu den größten Vorzügen des Mittelklasse-Mercedes. Um von der Presse so enthusiastisch gefeiert zu werden, musste er in der Erprobungsphase unzählige Kilometer auf der Marterstrecke, der Einfahrbahn in Untertürkheim, absolvieren.

Jedenfalls war die Hinterachse völlig neu und keine in zwei Hälften geteilte Starrachse mehr, sondern eine Einzelradaufhängung mit geringer Sturzänderung.

Allgemein spricht man von einer Schräglenker-Hinterachse. Daimler-Benz bevorzugte den Begriff Diagonalpendelachse.

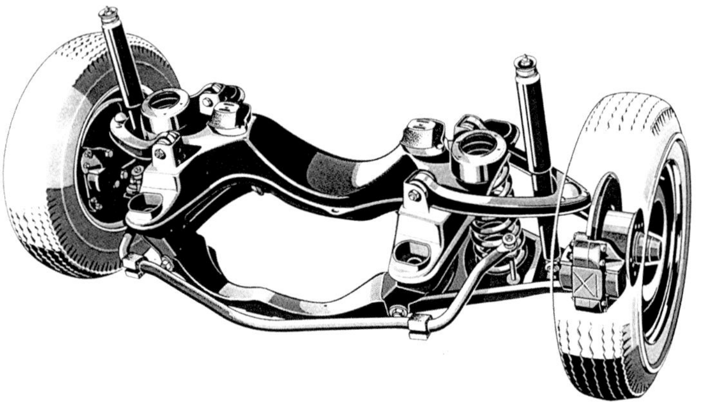

Radführung und Lenkpräzision sind die Grundanforderungen an eine Vorderachse. Durch die Auslegung der Trag- und Führungsgelenke bot die neu entwickelte Doppelquerlenkerachse einen Anti-Dive-Effekt, bei Bremsmanövern tauchte der Vorderwagen nicht mehr so stark ein wie das bislang üblich gewesen war. Und wartungsfrei war die Konstruktion auch noch, die Schmiernippel entfielen. Passte ja auch besser zum Benz, eine so saubere Lösung.

Crashtests beweisen, dass der W 114 / W 115 die damaligen US-Normen für Kollisionen (und die waren weltweit die strengsten) nicht nur erfüllt, sondern weit übertrifft.

Kriegt was auf's Dach: Die Versuchsingenieure in Sindelfingen wollten wissen, wie fest die berühmte Sicherheitszelle eines Mercedes noch ist, nachdem sie einen Unfallversuch mit 80-km/h-Aufprall auf ein anderes Fahrzeug unterzogen worden war. Die halbe Tonne Dachlast – oder waren es noch mehr? – haben den ramponierten »Strich-Achter« zwar belastet, aber nicht in die Knie gezwungen. Mercedes-Sicherheitspapst Béla Barényi sei Dank!

Der britische Jensen FF hatte nicht nur einen permanenten Allradantrieb und gilt somit als Urvater der Idee, die der Audi Quattro populär machte. Er verfügte auch über das erste funktionierende ABS in einem Straßenauto. So innovativ war der Jensen - und trotzdem kennt ihn heute kaum mehr jemand.

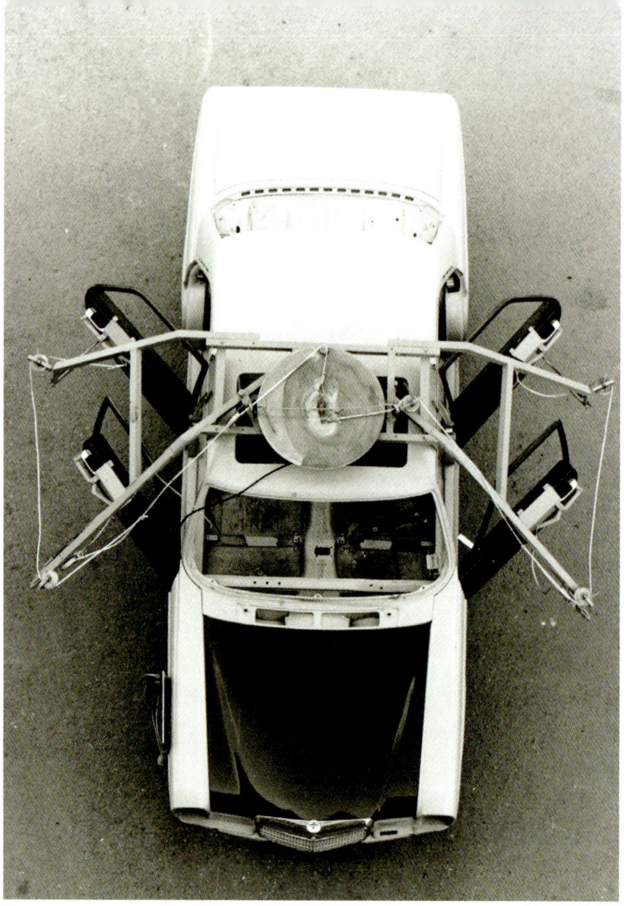

Eine Kleinigkeit im Entwicklungsgang eines neuen Mercedes, und dennoch wichtig, wenn man nach Perfektion strebt: Diese Vorrichtung erlaubt es, an einem Tag 100.000 Mal die Türen zu öffnen und zu schließen. Das verschleißt so sehr, wie wenn die Türen in der Praxis fast 14 Jahre lang jeden Tag 20 Mal auf- und wieder zugemacht würden.

gegenüber dem Vorgänger war die Schräglenkerhinterachse (Mercedes sprach von der »Diagonalpendelachse«). Im Sommer 1964 erblickte das erste Tonmodell im Maßstab 1/1 das Licht der Welt. Es zeigte natürlich lange noch nicht die definitive Form des späteren Fahrzeugs, die Rechteckscheinwerfer waren horizontal angeordnet, und der hintere Dachabschluss verlief beinahe schon coupéhaft. Fahrbereite Prototypen zogen Erlkönig-Fotografen im folgenden Winter in ihren Bann, doch von einer Serienfertigung war Daimler-Benz noch meilenweit entfernt. Vielmehr wurden die Heckflossen-Vierzylinder zu diesem Zeitpunkt behutsam modernisiert und somit fit gemacht für den zweiten Teil ihres Lebenszyklus'. Der W 114 / W 115 durchlief die üblichen Stadien des Prototypen-Daseins: Er wurde technisch und stilistisch immer reifer, musste Crashtests über sich ergehen lassen (vor allem, um den rigiden US-Vorschriften zu genügen), die Innenausstattung wurde erschaffen, und die Wagen wurden viele Tausende von Kilometern auf Teststrecken innerhalb- und außerhalb des Firmengeländes geprügelt. Im Sommer 1967 liefen die ersten Vorserien-Fahrzeuge vom Stapel, handgefertigt und bereit, in kleinsten Kleinigkeiten gegenüber der Serie noch geändert zu werden. Nun

Gerade fertig: Montage in Sindelfingen, und links entstehen die schönen Pagoden. Die ersten Sechszylinder rollten im Dezember 1967 vom Band, die Vierzylinder folgten im Januar 1968.

Warum eigentlich »Strich-Acht«?

Etliche Typen der neuen Modellgeneration trugen dieselben Typbezeichnungen wie ihre Vorgänger, so der Mercedes 200 und der 230er. Intern bezeichnete Daimler-Benz die neuen Wagen mit einer durch einen Schrägstrich von der Typbezeichnung abgesetzten 8, für das Erscheinungsjahr 1968: 200 / 8, 250 / 8, 220 D / 8 etc.. Das hat sich eingebürgert und wird, intern wie extern, bis heute praktiziert. Tatsächlich wurden auch die anderen, 1968 neu herausgekommenen Mercedes mit der per Schrägstrich abgetrennten 8 bezeichnet (280 SE / 8, 280 SL / 8), aber kurioserweise wurde diese Nomenklatur beim W 108 und W 113 nicht populär. Jedenfalls erinnert sich daran heute kaum mehr jemand. Tatsächlich haben die Wagen eine »W-Bezeichnung«, wie jeder Mercedes. Das W steht für »Wagen«, die Nummer dahinter ist der Entwicklungscode, und wegen der umfangreichen Modellpalette trägt der Strich-Achter sogar zwei Codes: W 114 heißen die Sechszylinder-Typen mit 2,5 und 2,8 Litern Hubraum inklusive der Coupés. Alle anderen, die Vier- und Fünfzylinder, die Benziner und Diesel, laufen unter der Bezeichnung W 115. Daimler-Benz sprach angesichts der Präsentation des neuen Modells von der »Neuen Generation«. Doch eingebürgert hat sich dieser Begriff erst im Zusammenhang mit der 1973 eingeführten Lastwagen-Baureihe. Wenn also heute im Zusammenhang mit Mercedes-Modellen die Bezeichnung »NG« fällt, sind die Frontlenker- Lkw gemeint, nicht die Limousinen. Die sind und bleiben nämlich »Strich-Achter«.

hatte Daimler-Benz eine Flotte in allen Motor- und Ausstattungsvarianten parat. Im Dezember 1967 begann die Serienfertigung des Mercedes 250, die anderen Typen rollten ab Januar 1968 vom Band und alle kamen aus dem Werk Sindelfingen. Journalisten durften sie ab Mitte Januar sehen, das Publikum kam erstmals auf dem Genfer Salon im März in den Genuss. Ein neues Wort wurde für das neue Auto geprägt, lange bevor alle Welt vom »Strich- Achter« sprach: die »Neue Generation«. Ob es nun von Journalisten geprägt und von Daimler-Benz dankbar aufgegriffen wurde, oder ob der Konzern diese Bezeichnung lancierte, sei dahin gestellt. Jedenfalls hatte die Modellfamilie einen Namen.

Am Heckschriftzug konnte man die Neue Generation nicht von den Heckflossen unterscheiden. Selbst das Schriftbild war zunächst dasselbe. In der gleichen Typographie, aber ein Nümmerchen kleiner, fand sich der Schriftzug auch auf der Radioblende am Armaturenbrett – sofern dort kein Radio eingebaut war.

Mit dem Facelift 1973 änderte sich neben so vielem auch das Schriftbild des Heckschriftzuges. Und die Automatik-Version bekam keinen speziellen Hinweis mehr auf der rechten Seite des Kofferraumdeckels.

Kapitel Drei

Ein neuer Stern am Autohimmel: Die nüchternste Form der Perfektion

Die »Neue Generation« von 1968 warf stilistisch den Muff vergangener Jahre wahrlich über Bord. Vergangen war das Ausladende, Pompöse, Verspielte des beheckflossten Vorgängers, der das Flair der Wirtschaftswunderjahre bis weit in die zweite Hälfte der 1960er hinübertrug – die Attribute des »Wir sind wieder wer« und »Wie haben wir's doch herrlich weit gebracht«.

Der neue Mercedes war sachlich, funktional, fast schon asketisch im Vergleich zum Vorgänger, dabei beinahe fragil, jedenfalls sehr ausgewogen und eine Freude für das ästhetische Auge. Das wurde damals gerne mit dem Wort »gefällig« umschrieben, er wusste also zu gefallen. Worin lag diese Gefälligkeit begründet? Auf jeden Fall darin, dass der Mercedes

Ein Mercedes war nie ein billiger Wagen. Aber für eine dauerhafte Beziehung ausgelegt, und daher haben die Kunden meist noch das eine oder andere Kreuzchen auf der Aufpreisliste gesetzt. Der Besitzer des Wagens im Vordergrund hat sich ein Schiebedach geleistet, das hat ihn anfangs 566 Mark und zehn Pfennige gekostet. Wenn er lieber die Elektrik für sich arbeiten ließ, hatte er noch einmal 155 Mark draufpacken müssen. Weil die mechanische Variante mit der T-Griff-Bedienung aber so elegant und einfach funktioniert, war ein elektrischer Helfer nicht notwendig. Das Geld investierte er besser in eine Verbundglas-Frontscheibe. Die kostete 80 Mark extra.

Ein fertig gestellter 250 mit Weißwandreifen im Werk, eingebettet in mehrere Reihen lackierter Rohkarossen.

W 114 / W 115 dem Zeitgeschmack entsprach. Er symbolisierte Wohlstand, ohne zu dick aufzutragen. Seine bis zur Selbstverleugnung reichende Sachlichkeit traf den saturierten Geschmack, das Erreichte nicht zur Schau stellen zu müssen. Ganz sicher aber war die Gefälligkeit auch noch in einem weiteren Aspekt zu suchen, nämlich dem déja-vu-Effekt. Seit drei Jahren war die Baureihe W 108 am Markt, zunächst als 250 S und 250 SE sowie als großer 300 SE, und das Auge war an seine Erscheinung gewöhnt. Die »Neue Generation« stellte in Bezug auf die von Daimler-Benz vorgegebene Formensprache keine Revolution dar, sondern lediglich eine Evolution. So radikal das Jahr 1968 in soziologischer Hinsicht gewesen sein mag, so behutsam entwickelte sich der Strich-Achter formal weiter gegenüber der S-Klasse: Der Kühlergrill war merklich niedriger und breiter, die Frontpartie wirkte damit flacher, aber letztlich war der neue Mercedes lediglich eine Interpretation des mit dem W 108 vorgegebenen Themas. Die Tatsache, dass die Mittel- nicht auf den ersten Blick von der S-Klasse zu unterscheiden war, wertete diese allerdings ein wenig ab. Die allgemeine Anerkennung, welche die neue Baureihe in Bezug auf ihr Aussehen erhielt, gebührte also eher der formal gelungenen S-Klasse – der W 114 / W 115 fügte sich im Straßenverkehr ad hoc ein, weil er nicht auffiel.

Beim W 114 war das Kühlergitter anfangs aus Stahl, beim Vierzylinder aus Aluguss.

Neuwagen verlassen das Werk auf dem Weg zum Kunden, hinten W 108er, auf dem Niederbordwaggon ein W 115 in Horizontblau, dem noch die Zierleiste am vorderen unteren Karosserieabschluss fehlt.

Gegenüber dem Vorgänger reduzierten sich die Maße in allen Dimensionen: um 4,5 Zentimeter in der Länge, um 2,5 in der Breite sowie um mehr als 5 Zentimeter in der Höhe. Das Kofferraumvolumen litt am ehesten unter der Abspeckkur, innen bot der Neue fast so viel Platz wie die Heckflosse – abgesehen davon, dass eine vordere Sitzbank ein subjektiv größeres Platzangebot suggeriert, als die beim Neuen ausschließlich lieferbaren Einzelsessel. Es wurde häufig bekrittelt und als handfester Rückschritt dargestellt, dass der Kofferraum weniger fasste. Objektiv mag das stimmen. Aber das Volumen des Heckflossen-Gepäckabteils war extrem groß. Die neue Mittelklasse fasste immer noch 440 Liter, und das war im Vergleich zur Konkurrenz durchaus annehmbar. Keine Reise wurde jemals nicht angetreten, weil das Gepäck nicht ins Auto passte.

Revolutionär für einen Mercedes war das Fahrwerk. Erstmals präsentierte Daimler-Benz eine hintere Einzelradaufhängung an Schräglenkern. Vorne blieben Doppelquerlenker in Trapezanordnung, doch auch hier setzte Daimler-Benz auf eine Neukonstruktion. Ein weiteres Novum in der Mercedes-Mittelklasse waren vier Scheibenbremsen mit Servounterstützung. Zum ersten Mal fand sich beim W 114 / W 115 die bis in die Jetztzeit bei Mercedes verbaute und nicht immer gelobte, mit dem Fuß zu bedienende Handbremse, die also durch ein im Fußraum befindliches Pedal getreten und mittels eines Zugknopfes händisch gelöst wurde. Anfahren am Berg mit einem Schaltwagen musste hierdurch neu erlernt werden, und bei einem Automatikwagen ist die Handbremse ohnehin nur vorhanden, weil die Vorschrift es so will. Es blieb bei einer Kugelumlauflenkung, die zugunsten der Leichtgängigkeit indirekt übersetzt war (4,6 Lenkradumdrehungen von Anschlag zu Anschlag) und somit weit weniger Fahrbahnkontakt, vor allem bei hohen Tempi, bot als die optionale Servolenkung (3 Lenkradumdrehungen).

Daimler-Benz bot für die »Neue Generation« ausschließlich Gürtelreifen an, zunächst Diagonalpneus in Serie und Radialreifen gegen Aufpreis, doch letztere setzten sich mehr und mehr durch – zuletzt ab 1975 waren Stahlgürtelreifen der Größe 175 SR 14 Serie. Beide Getriebe, die Viergang-Schaltung wie die Vierstufen-Automatik, waren ebenfalls Neukonstruktionen. Die Automatik, zuerst im Großen Mercedes 600 eingebaut, funktionierte hydraulisch, also ohne Wandler. Sie schaltete nicht besonders weich. Dafür war kein Wandler da, der rund zehn Prozent Leistung fraß, und außerdem konnten die Automatik-Mercedes dank Se-

Kaledoniengrün überwiegt: Acht Strich-Achter auf einem Mercedes LP 1319 Autotransporter mit Kässbohrer-Aufbau der Spedition Egerland, eine alteingesessene Autotransportspedition, 1949 von Werner Egerland in Berlin gegründet. Mit einem Behrens-Autotransporter fing er an und transportierte Volkswagen von Wolfsburg in seine Heimatstadt. Seit 1955 ist Egerland in Osnabrück beheimatet und führt deutschlandweite Neuwagenüberführungen durch.

Auch Neuwagentransport, eine Nummer kleiner mit einem kubischen Mercedes LPS 608 (landläufig liebevoll »Toastscheibe« genannt) mit Sattelauflieger von Kögel. Er transportiert das automobil Erstrebenswerte jener Jahre, einen Mercedes W 111, einen BMW 2000 und einen Mercedes W 115. Das Foto mit den drei Neuwagen stammt von 1968, dem einzigen Jahr, in dem die letzten W 111 als 230 S mit den ersten Strich-Achtern vom Band liefen. Der BMW 2000 mit den rechteckigen Scheinwerfern erschien bereits Anfang 1966.

kundär-Ölpumpe sogar angeschoben werden, wenn die Batterie streikte. Die erste Generation der Daimler-Benz-Automatik erreichte die vier Gangstufen mit zwei Planetensätzen; einen günstigeren Wirkungskrad erreichte die neue, im Strich-Achter verbaute Automatik mit drei Planetensätzen. Bei beiden Getriebearten, Schaltung oder Automat, durfte der Kunde wählen, ob er den Wählhebel respektive Schaltknüppel am Lenkrad oder auf dem Getriebetunnel zwischen den Vordersitzen haben wollte. Das war eine der wenigen Optionen, die nicht mit einem Mehrpreis verbunden waren. Eine weitere war die Entscheidung, ob das Auto mit oder ohne Heckschriftzug ausgeliefert werden sollte.

Mit dem W 114 / W 115 festigte Daimler-Benz sein mit dem W 108 begonnenes, zweifelhaftes Image, sehr schlecht ausgestattete Fahrzeuge zu verkaufen. Eine Trendwende brachten erst die 1980er Jahre. Doch rund 15 Jahre lang spöttel-

Im Mercedes-Ausstellungsraum: Fabrikneuer 250er für 13.300 D-Mark. Die Farbe trug keinen spektakulären Namen sondern hieß einfach nur »Rot 576«.

Ein jungfräulicher Innenkotflügel eines Autos, das noch nie auf der Straße unterwegs war. Schlichtweg nigelnagelneu.

ten böse Zungen, Daimler-Benz ließe sich sogar den Blinkerhebel extra bezahlen (denn Mercedes-Fahrer hätten es ohnehin nicht nötig, zu blinken ...). Und wer sich keinen Mercedes leisten konnte, ärgerte den stolzen S-Klasse-Eigner mit der Aussage, sein Wagen versprühe den Charme eines Taxis. Es stimmt, dass Mercedes-Wagen weit magerer ausgestattet waren als die Konkurrenz. Aber zur Ehrenrettung der Stuttgarter muss man die Ausstattungspolitik aller deutscher Fabrikate der damaligen Zeit beleuchten. Die rein deutschen Hersteller verdienten gutes Geld mit aufpreispflichtigen Extras, die für jeden Kunden eigentlich verbindlich waren und sogar zur Sicherheitsausrüstung hätten zählen sollen. Eine vernünftige Grundausstattung boten eigentlich nur die beiden in US-Besitz befindlichen deutschen Marken Ford und Opel. Aber ein Mercedes, BMW, Volkswagen oder Audi war in seiner Grundausstattung ein derart nacktes Fahrzeug, dass wohl kein Privatkunde einen Wagen ohne jegliches Extra bestellte. Diese Aufpreispolitik wandelte sich, nachdem zunehmend Importwagen aus Frankreich in Deutschland verkauft wurden. Sie bestachen durch eine vernünftige, sogar komfortable Ausstattung und hatten stets vier Türen (was bei deutschen Mittelklassewagen alles andere als üblich war, vier Türen gab's nur gegen Aufpreis). Und als der Serienkomfort der Franzosen Mitte der 1970er Jahre von japanischen Importwagen getoppt wurde, zogen die deutschen Hersteller langsam nach. Am langsamsten allerdings Daimler-Benz. Zwar konnten die Stuttgarter alles liefern, was das Herz des Kunden begehrte, auch Dinge, welche andere Hersteller weder für Geld noch gute Worte anboten. Aber selbst Elementarstes wie Drehzahlmesser, Automatikgurte oder Kopfstützen kosteten, so lange noch nicht verbindlich vorgeschrieben, lange Jahre einen Aufpreis. Aber dafür gab es auch Telefonapparate im Auto, Klimaanlage, Koffersätze, orthopädische Vordersitzlehnen, Weißwandreifen oder zweifarbige Lackierungen.

Der Export begann sofort nach Produktionsanlauf. Holländische Werbung für den Mercedes 230 von 1969: »Ruim 80 jaar perfektie als principe« (»Mehr als 80 Jahre Vollkommenheit als Grundsatz«).

Sehr früher 250er mit schmalen weißen Reifenflanken. Diese Mode war mit dem Ende des Jahrzehnts in Europa zu Ende. In den USA hielt sie sich weit länger.

Ton in Ton, Rot in Rot, außen rot und innen rot – so liebte man es Ende der 1960er Jahre. Daimler-Benz weigerte sich, Armaturenbrett und Konsole ebenfalls in Innenraumfarbe zu liefern. Bei Ford und Opel hätte es sogar ein rotes Lenkrad gegeben – als Gipfel des Amerikanismus'.

Auch der kleinste der Mercedes-Diesel, der 200 D, hatte einen großen Kofferraum. Der fasste, je nach Messmethode, zwischen 440 und 600 Liter und war Indiz für die von der Presse attestierte »kaum zu übertreffende Vernunft in der äußeren Gestaltung.«

Karge Serie

Die Grundausstattung der »Neuen Generation« jedenfalls war äußerst nüchtern. Keinen Grund gab es, an der Materialqualität zu zweifeln. Sie war hervorragend und langlebig. Aber die Kunststoffoberflächen versprühten stets den Charme eines Krankenhaus-Zimmers oder eben eines Taxis. Auf den Sitzbezügen aus MB-Tex rutschten die Passagiere munter umher, im Winter froren sie, im Sommer schwitzten sie. Aber das Mobiliar sah nach 20 Jahren oder

Ein Klassiker, einfach vorbildlich: die Armaturentafel des »Strich-Achter«, erstmals serienmäßig mit Mittelkonsole. Das Lenkrad wahlweise schwarz oder weiß, die Schaltung (oder Automatik) wahlweise am Lenkrad oder auf der Konsole. Die mit dem Typschriftzug versehene Blende überdeckt den Radio-Einbauschacht.

Das Auto für den Bürger: Hübsche Kissen auf der Hutablage, oftmals von Oma mit dem Autokennzeichen bestickt. Dann noch die obligatorische Toilettenpapierrolle, auch mit gehäkeltem Häubchen versehen. Der Wackeldackel war damals auch en vogue, der ewige Ja-Sager vom Produzenten Rakso, Ende 1965 erschienen.

Ein Wagen, auf den man stolz war. Ein Wagen, auf den man gespart hatte. Nicht unbedingt ein Wagen für junge Leute. Eher für mittlere und ältere, alleine des Preises wegen. Repräsentativ, ein Symbol dafür, dass man es zu etwas gebracht hatte.

Auf jeden Fall ein bürgerlicher Wagen. Aber kein spießiger, denn »spießig« und »bürgerlich« sind mitnichten Synonyme. Im Gegenteil. In Kreisen oberflächlicher Geselligkeit waren eher die Fahrzeuge am linken und am rechten Bildrand zuhause, Ford P4 und VW Typ 3. Der typische Spießer der 1970er Jahre war kein Mercedes-Fahrer.

Schwaben machen die Automatik gesellschaftsfähig

Ähnlich wie der Dieselmotor hatte das automatische Getriebe über Jahre hinweg unter Vorurteilen zu leiden, und manche von ihnen waren wahr: Wer nicht schalten kann, lässt schalten, sagten die vermeintlich Sportlichen, die gerne, häufig und oftmals falsch im Getriebe rührten. Die Automatik frisst Sprit und Leistung, wussten technisch Vorgebildete, und sie hatten recht: Der Wandler fraß wirklich rund zehn Prozent – zehn Prozent weniger Leistung, zehn Prozent mehr Benzinverbrauch, zehn Prozent höherer Anschaffungspreis. Dem wirkte manch kluger Autobauer (vor allem in Frankreich) entgegen, indem er die Automatikwagen mit Motoren kombinierte, die eben diese rund zehn Prozent mehr Leistung brachten als diejenigen, mit denen die Schaltwagen ausgestattet wurden. Zu guter Letzt: Automatik ist etwas für alte Leute und Frauen.

Diese Klischees treffen heute nicht mehr zu. In den USA, dem Heimatland der Getriebeautomatik, ist nahezu jeder Alltagswagen damit ausgerüstet, und in Europa ist Deutschland das Land mit der höchsten Automatikdichte, die Franzosen hingegen mögen Automatikgetriebe nicht besonders und die Italiener gar nicht (wobei Ausnahmen die Regel natürlich bestätigen).

Zu den Vorreitern der Automatik in Deutschland gehört Daimler-Benz. Die Schwaben bauten schon 1962 eine eigene vierstufige Getriebeau-

Im Strich-Achter gab's den Wählhebel am Lenkrad...

»Buchhalter-Ausstattung« nannte man das damals, denn ein Buchhalter ist der Mann, der die Kosten im Blick behält und aufpasst, dass die Herren Konstrukteure das schöne Geld nicht zum Fenster hinauswerfen. Und bei Mercedes-Benz arbeiteten sie besonders gewissenhaft. Doch das Sicherheitslenkrad aus der S-Klasse, das gab's ab 1973 serienmäßig. In Sachen Sicherheit ließen sich die Schwaben nicht lumpen. Andererseits: Eine Warnblinkanlage kostete lange Zeit 28 Mark zusätzlich.

tomatik mit einer Flüssigkeitskupplung statt einem typisch amerikanischen hydraulisch-dynamischen Drehmomentwandler und drei Fahrstufen. Zu Zeiten des Mercedes Strich-Achter bot nahezu jeder europäische Hersteller Automatikgetriebe an, die meisten setzten auf amerikanische Vorbilder oder Lizenzprodukte mit drei Fahrstufen und Drehmomentwandler. Die Pionierarbeit von Daimler-Benz machte sich bezahlt: Kein anderer europäischer Hersteller erreichte Ende der 60er und bis in die 70er Jahre hinein einen so hohen Produktionsanteil an Automatik-Wagen, und ein großer Teil der Mercedes-Kunden wurde zu überzeugten Automatikfahrern. Das ist bis heute so. Natürlich hing und hängt dies auch mit der prinzipiellen Kaufkraft der Mercedes-Fahrer zusammen und der Tatsache, dass es so manchen Mercedes ausschließlich mit Automatikgetriebe gibt.

... oder auf dem Getriebetunnel: »Four on the Floor«.

Das erste Automatikgetriebe überhaupt, eine Schöpfung des Konstrukteurs Rieseler, wurde 1927 in einem Mercedes-Wagen gefahren, aber die Entwicklung fand in der Automobilindustrie keinen Anklang. Erst das 1939 von General Motors entwickelte Hydramatic-Getriebe wurde serienmäßig in Oldsmobile und Cadillac eingebaut. Ihm folgten das Dynaflow-Getriebe von Buick 1948 und weitere Entwicklungen von Borg Warner, Chrysler und Ford. Rolls-Royce fertigte die ersten europäischen Automaten in Lizenz, die Hydramatic von GM; das erste deutsche Automatikgetriebe in Serie baute Borgward (Hansamatic). In größerem Rahmen sollten das 1962 von Daimler-Benz vorgestellte, automatische Viergang-Getriebe mit hydraulischer Kupplung und die 1963 von der Zahnradfabrik Friedrichshafen (ZF) entwickelte Dreigang-Automatik 3 HP 12 gebaut werden. Der Wunsch nach Export in die USA forcierte die Automatik-Entwicklung in Europa.

Presseautos und solche, die zu Fotozwecken herhalten mussten, verfügten nur in seltenen Fällen über die Basis-Ausstattung. Dieser Typ 230 war etwas besser ausgestattet, denn er verfügt über ein Schiebedach. Wie der Chromgriff in Dachmitte zeigt, hat diese Fotoschönheit ein Schiebedach. Allerdings ist dieses lediglich mechanisch betätigt, den elektrischen Antrieb hat der Buchhalter gestrichen.

Alles, was nicht unbedingt dem Fahren diente, wurde gestrichen. »Unterkühlt wirkende Zweckmäßigkeit«, beschönigte die Presse, »nüchtern wie ein Speditionskontor« schrieben die anderen. Ein abschließbarer Tankdeckel zum Beispiel, der ist nicht notwendig. Aber man kann ihn bestellen. Macht acht Mark, bitteschön.

250.000 Kilometern immer noch aus wie neu. Das Holzfurnier im sechszylindrigen W 114 wirkte in dieser sterilen Umgebung richtiggehend deplatziert. Selbstverständlich gab es Luxusextras, aber eben gegen einen gesalzenen Aufpreis.

Die Armaturenbrettgestaltung orientierte sich am W 108, Bewährtes wurde optimiert, und außer der Handbremsbetätigung ließ die Bedienung des Mittelklasse-Mercedes keinen Grund zur Klage zu. Im Blickfeld des Fahrers befand sich das Instrumentenpult mit Tachometer und Kombiinstrument, zwischen beiden eine kleine Uhr. An ihrer Stelle fand ein Drehzahlmesser von VDO als Zubehör, nicht als Werksoption, sein Zuhause. Das Licht zündete der Mercedes-Pilot traditionell mit einem Drehknopf am Armaturenbrett an, von Testern wegen der Gewöhnungsbedürftigkeit gescholten. Aber wer sich daran gewöhnt hatte, hatte sich eben daran gewöhnt. Links vom Lenkrad ragte ein Kombihebel für Blinker, Fernlicht, Lichthupe und Scheibenwischer hervor, rechts vom Volant war optional der Schalt- respektive Automatikwählhebel. Die Farbe des Lenkrades: schwarz oder elfenbeinfarben, letzteres gegen zwölf Mark Aufpreis. Bunte, auf die Farbe der Innenausstattung abgestimmte Lenkräder, eine Spielerei der Zeit, standen jenseits des schwäbischen Vorstellungsvermögens von Gemütlichkeit im Auto. Und überhaupt hinterließen Mercedes-Interieurs dieser Epoche nicht unbedingt den Eindruck, als ob sie in erster Linie gemütlich sein sollten. Zum Beispiel die Gummimatten am Boden: Wer glaubte, er bekäme bei einem Mercedes 220 serienmäßig einen hochflorigen, flauschigen Teppichboden, der hatte die Mercedes-Philosophie nicht verstanden. Er bekam gegen Aufpreis einen Schlingenteppich, eher rau als weich, und dieser bedeckte auch noch nur den vorderen Fußraum. Aber er war für die Ewigkeit geschaffen.

Die Schwaben haben darauf bestanden: Die neue Baureihe W 114 / W 115 ist eine Revolution. Zumindest eine neue Generation. So erklärten sie es auch ihren Mitarbeitern. Die Szene spricht dagegen vom »Strich-Achter«. Und beide liegen richtig.

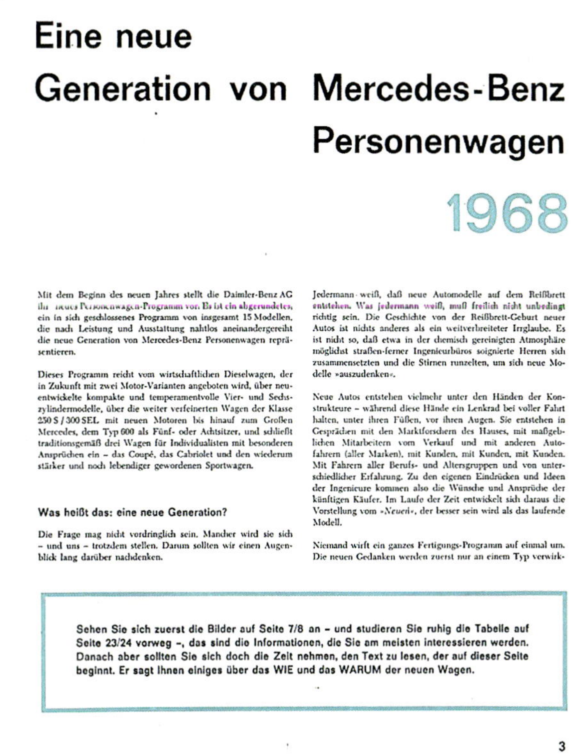

Eine neue Generation von Mercedes-Benz Personenwagen

1968

Mit dem Beginn des neuen Jahres stellt die Daimler-Benz AG ihr neues Personenwagen-Programm vor. Es ist ein abgerundetes, ein in sich geschlossenes Programm von insgesamt 15 Modellen, die nach Leistung und Ausstattung nahtlos aneinandergereiht die neue Generation von Mercedes-Benz Personenwagen repräsentieren.

Dieses Programm reicht vom wirtschaftlichen Dieselwagen, der in Zukunft mit zwei Motor-Varianten angeboten wird, über neuentwickelte kompakte und temperamentvolle Vier- und Sechszylindermodelle, über die weiter verfeinerten Wagen der Klasse 250 S / 300 SEL mit neuen Motoren bis hinauf zum Großen Mercedes, dem Typ 600 als Fünf- oder Achtsitzer, und schließt traditionsgemäß drei Wagen für Individualisten mit besonderen Ansprüchen ein – das Coupé, das Cabriolet und den wiederum stärker und noch lebendiger gewordenen Sportwagen.

Was heißt das: eine neue Generation?

Die Frage mag nicht vordringlich sein. Mancher wird sie sich – und uns – trotzdem stellen. Darum sollten wir einen Augenblick lang darüber nachdenken.

Jedermann weiß, daß neue Automodelle auf dem Reißbrett entstehen. Was jedermann weiß, muß freilich nicht unbedingt richtig sein. Die Geschichte von der Reißbrett-Geburt neuer Autos ist nichts anderes als ein weitverbreiteter Irrglaube. Es ist nicht so, daß etwa in der chemisch gereinigten Atmosphäre möglichst straßen-ferner Ingenieurbüros soignierte Herren sich zusammensetzten und die Stirnen runzelten, um sich neue Modelle »auszudenken«.

Neue Autos entstehen vielmehr unter den Händen der Konstrukteure – während diese Hände ein Lenkrad bei voller Fahrt halten, unter ihren Füßen, vor ihren Augen. Sie entstehen in Gesprächen mit den Marktforschern des Hauses, mit maßgeblichen Mitarbeitern vom Verkauf und mit anderen Autofahrern (aller Marken), mit Kunden, mit Kunden, mit Kunden. Mit Fahrern aller Berufs- und Altersgruppen und von unterschiedlicher Erfahrung. Zu den eigenen Eindrücken und Ideen der Ingenieure kommen also die Wünsche und Ansprüche der künftigen Käufer. Im Laufe der Zeit entwickelt sich daraus die Vorstellung vom *»Neuen«*, der besser sein wird als das laufende Modell.

Niemand wirft ein ganzes Fertigungs-Programm auf einmal um. Die neuen Gedanken werden zuerst nur an einem Typ verwirk-

Sehen Sie sich zuerst die Bilder auf Seite 7/8 an – und studieren Sie ruhig die Tabelle auf Seite 23/24 vorweg –, das sind die Informationen, die Sie am meisten interessieren werden. Danach aber sollten Sie sich doch die Zeit nehmen, den Text zu lesen, der auf dieser Seite beginnt. Er sagt Ihnen einiges über das WIE und das WARUM der neuen Wagen.

3

Zur Produkteinführung hat das Werk eine umfassende »Mitarbeiter«-Info verfasst. Das Motoren-Angebot reichte zunächst vom phlegmatischen 55-PS-Diesel bis zum 150-PS-Einspritz-Benziner. Das bescheidene Leistungsangebot kam gut an: Der Diesel-Anteil innerhalb der Strich-Achter-Familie kletterte rasch auf über 40 %.

Wie man einen Strich-Acht verkauft

Das beste Auto nutzt nichts, wenn man es nicht verkaufen kann. Und weil das Auto immer raffinierter und feiner geworden war, mussten sich auch die Verkaufshäuser wandeln. Auch wenn man natürlich noch von den Glaspalästen mit einheitlicher »CI« (»Corporate Identity«) und der damit einher gehenden Gleichförmigkeit unserer Tage entfernt war, bedeutete die Produkteinführung des W 114 / W 115 doch einen weiteren Schritt hin zur Vereinheitlichung in den Showrooms. Diesen Terminus hat Daimler-Benz übrigens schon seit Ende der 1950er Jahre benutzt, auch in der Kommunikation mit seinen Händlern. Doch die hatten so etwas nur in seltensten Fällen, sondern platzierten ihre Autos ganz einfach im »Ausstellungsraum« oder in der »Verkaufshalle«. Nur bei den vom Werk selbst betriebenen Niederlassungen konnte das Unternehmen eine einheitliche Gestaltungslinie vorgeben. Die anderen Händler waren selbständige Unternehmer, denen konnten die Stuttgarter nur Empfehlungen und Hinweise an die Hand geben. Und weil das weit vor dem digitalen Zeitalter geschah, gab es dafür liebevoll gestaltete Büchlein.

Daimler-Benz hat nichts dem Zufall überlassen, weder bei der Konstruktion noch beim Verkauf. »Der Showroom hat dem Absatz des Autos zu dienen«, erklärt die vom Werk herausgegebene »Einführung in die Schaufenstergestaltung«.

»Finden Sie am Fahrzeug Schnörkel? Nein! Also fort mit Schnörkeln bei der Showroom-Gestaltung!«, ermahnte das Werk.

»Grundanforderungen für die Schaufenstergestaltung: Großzügige, zweckmäßige Raumaufteilung, moderne „befreite“ Linie…

… viel Licht, trotzdem intime Behaglichkeit.« Vielleicht liegt deswegen ein Teppich auf dem Marmor.

Der große Erfolg der Mittelklasse-Baureihe führte zu vielen Eroberungskäufen, und das brachte neue, in der Form bisher eher unbekannte Probleme für das Autohaus mit sich: Nun mussten viel mehr Fremdfabrikate in Zahlung genommen werden.

»Moderne Stahlrohrmöbel sind für Showrooms sehr geeignet, weil sie am besten zu den ausgestellten Fahrzeugen passen.«

Licht und Vorhangfarbe waren genau abgestimmt und sollten zum Farbton des Wagens passen. Um variieren zu können, befanden sich mehrere Vorhänge hintereinander. »Darf ich Ihnen einen Prospekt überreichen?«, fragte der Krawatte tragende Mercedes-Verkäufer 1969 und machte vielleicht sogar einen Kratzfuß und Diener. Dann heftete er dem Prospekt seine Visitenkarte an und überreichte ihn in dienstbarer Haltung.

Und wenn er genügend gedienert hat und noch einen Satz Gummimatten spendiert, dann hat er auch ein Geschäft gemacht. Doch heute sagt er oft: »Sie können sich alle relevanten Daten im Netz herunterladen.« Und er trägt keine Krawatte mehr und macht keinen Diener. Und oft auch kein Geschäft mehr.

Daimler-Benz hat die Werksabholung in den 1950ern professionalisiert und damit insbesondere US-Kunden gezielt angesprochen. Für das »European Delivery Program« gab es eigene Prospekte.

Bei der Übergabe im Kundenzentrum in Sindelfingen wurden die stolzen Neuwagen-Besitzer detailliert eingewiesen.

Und Mutti hörte aufmerksam zu, denn sie hat ja inzwischen auch den Führerschein, ohne dass der Gatte oder Vater formell sein Einverständnis hatte erklären müssen. Das war nämlich bis 1958 noch erforderlich gewesen.

Die meisten Mercedes-Kunden sind der Marke treu geblieben. Wenn sie einen neuen Wagen wollten, sind sie wieder beim Mercedes-Händler ihres Vertrauens vorgefahren und haben dort ihren »Strich-Acht« in Zahlung gegeben. Marken-Bindung war damals eine Selbstverständlichkeit.

Kapitel Vier

Der W 115: Benziner und Diesel

Optisch gibt es nur ein Unterscheidungsmerkmal zwischen Benziner und Diesel: den Heckschriftzug. Akustisch: keine Frage, den Diesel hört man. Und wenn er schlecht eingestellt ist, sieht man auch den schwarzen Rauch. Aber zumindest bläulichen Auspuffqualm kann man auch bei Benzinern sehen, wenn die Ölabstreifringe kaputt sind. Jedenfalls ist einem parkenden Strich-Achter die Motorisierung nur anzusehen, wenn man in den Innenraum blickt und Dieselspezifisches am Armaturenbrett erspäht. Nicht mal die verlängerte hintere Sechszylinder-Stoßstange oder gar die doppelte vordere der frühen Modelle sind ein eindeutiges Indiz. Diese Stoßstangen werten einen Vierzylinder-Benziner oder Diesel auf. Gerade in den 1980ern wurden sie gerne gewechselt, denn damals waren die Autofriedhöfe voll mit preiswerten Strich-Achter-Teilen.

Drei Vierzylinder-Benziner, drei Vierzylinder-Diesel sowie ein Selbstzünder mit fünf Töpfen motorisieren den W 115. Nicht alle wurden gleichzeitig angeboten, und die Einstiegsmotorisierung, der 200er, hielt sich am längsten. Er lebte während der kompletten Produktionsdauer von Januar 1968 bis Dezember 1976. Jedenfalls war die Produktionspalette stets lückenlos und jeder Interessent fand für sich die passende Motorisierung.

Durch sein Gewicht fuhr sich ein Mercedes im Schnee gut. Inwieweit er auf dieser verschneiten Nebenstraße ohne Schneeketten, nur mit Winterreifen versehen, ein sicheres Zugfahrzeug gewesen sein mag, ist anzuzweifeln. Sehr früher Mercedes W 114 mit eleganten, weiß aufvulkanisierten Flanken auf den Winterreifen. Da gönnte sich jemand tatsächlich Weißwand-Winterreifen! Eine ziemliche Rarität mit großem Namen ist der Wohnwagen, ein VFW-Fokker. VFW steht für Vereinigte Flugtechnische Werke in Bremen, der Zusammenschluss der Flugzeugbauer Focke-Wulf und Weserflug, an denen auch Fokker aus den Niederlanden beteiligt war. Im Werk Hoyenkamp bei Delmenhorst wurden zeitweise auch Wohnwagen auf Hahn-Fahrgestell hergestellt.

Alte Bekannte: Die Vergasermotoren

Der 2-Liter- und der 2,2-Liter-Benziner (interne Bezeichnung: M 115) war prinzipiell identisch zu den Maschinen aus dem Vorgänger, allerdings mit Horizontalvergaser von Stromberg anstelle der bisherigen Fallstromvergaser von Solex. Der 220er-Motor hatte lediglich einen vergrößerten Hubraum, leistete mit 105 PS deren zehn mehr als sein kleinerer Bruder, war aber weniger laufruhig. Diese Maschine wurde im August 1973, zeitgleich mit der großen Modellpflege, durch einen 2,3-Liter-Vierzylinder abgelöst. Der Motor im Mercedes 230.4 (die Bezeichnung im Unterschied zum sechszylindrigen 230.6) war keine Neukonstruktion, sondern eine heftig überarbeitete Variante des M 115 mit größerem Hubraum und geänderten Einlasskanälen und -ventilen. Er leistete zwar nur fünf PS mehr als sein Vorgänger, war aber laufruhiger, durchzugsstärker und insgesamt harmonischer. Den 200er gab es ab Ende 1973 alternativ mit geringerer Verdichtung und 85 statt 90 PS. Er war dadurch normalbenzintauglich geworden.

Das war eher sein Metier: W 114 als Zugwagen im Sommer, ein ideales Urlaubsauto. Die Kritik am vermeintlich zu kleinen Kofferraum war ungerecht und maß die »Neue Generation« am Vorgänger. Dessen Heckabteilvolumen blieb allerdings unerreicht. Der Mercedes zieht einen Schweikert Edelweiß, Aufnahme in der Lüneburger Heide.

Beide ganz neu, Auto und Wohnwagen sind Baujahr 1969. Am Haken hängt ein Tabbert Gouverneur 460 L, und verfolgt wird das Gespann in bayerisch-alpiner Umgebung von einem weiteren Mercedes, einem O 317 Postbus.

Wohnwagen haben in der Regel eine längere Lebensdauer als ihre Zugfahrzeuge. Die Familie gab den Strich-Achter aus dem vorigen Foto für ein neues Modell in Zahlung, aber der Tabbert Gouverneur ist derselbe. Aufnahme 1974, und der rote Golf ist ebenso brandneu wie der Mercedes.

Der Mercedes-Fahrer als Steuersünder

Dieselkraftstoff und Heizöl waren jahrzehntelang chemisch nahezu identisch. Aber sie wurden unterschiedlich besteuert, und so war Heizöl zu Strich-Achter-Zeiten wesentlich billiger als Dieselöl. Der sparsame Schwabe, und nicht nur der, schüttete also gerne preiswertes Heizöl in den Mercedes-Tank. Natürlich ein Steuervergehen, keine Frage. Aber dem Motor schadete es nicht. Heute geht das nicht mehr. Dieselmotoren sind keine Graugussklumpen mehr, sondern Hightech-Aggregate, und deshalb sind Heizöl und Dieselkraftstoff auch nicht mehr identisch; Heizöl hat einen höheren Schwefelanteil als Dieselöl, und für Heizöl gibt es keine Mindestanforderungen bezüglich der Cetanzahl (also der Zündwilligkeit des Kraftstoffs). Um der Polizei und dem Zoll die Fahndung nach Heizöltankern leichter zu machen, wird seit 1964 Heizöl bereits in der Raffinerie rot eingefärbt (Dieselöl ist mehr oder weniger farblos). Viele Bauern, die einen Mercedes Diesel fuhren, kamen auf die Idee, Agrardiesel zu tanken, auch der war steuerlich begünstigt nach dem »Landwirtschafts-Gasölverwendungsgesetz« vom 22. Dezember 1967. Und auch das war (und ist) ein Steuervergehen. Es wurde dennoch vielfach praktiziert.

Einem 240 D 3.0 sah niemand seine 80 PS an, einem 200 D seine 55 PS ebenfalls nicht. So gesehen, ist der Mercedes wahrlich ein demokratisches Auto. Und innerhalb seiner Angebotspalette sogar klassenlos.

Anspruchsvollere Kunden und verschärfte Abgasvorschriften führten im IAA-Jahr 1973 zu einer Aufstockung des Leistungsangebots. Der neue 240 D mit 65 PS krönte nun die Diesel-Reihe.

Der 230.4 mit 110 PS ersetzte den Vergaser-220er. Die geriffelten Rückleuchten, so hat man damals kolportiert, gingen auf eine Idee von Formgestalter Wilfert zurück, der bei Schmuddelwetter in einen Auffahrunfall verwickelt wurde, weil die Rückleuchten des vorausfahrenden Mercedes vom Schmutz zugesetzt gewesen waren.

Der Leistungszuschlag für den Diesel war notwendig geworden, weil Opel den Rekord 2100 D eingeführt hatte. Der war ebenfalls 60 PS stark, wie der bisherige 220 D. Aber um 2000 Mark billiger. Und dann konnte der Interessent noch nach Rabatten fragen. Opel-Verkäufer waren da weit weniger abgeneigt als die Kollegen von gegenüber. Vielleicht packte der Mercedes-Mann das Kofferset mit der Code-Nr. 285 dazu, das kostete ja über 600 Mark und nahm im Lager nur Platz weg, denn gekauft hat es eigentlich niemand. Hier fehlen noch die beiden zugehörigen Reisetaschen.

Die Vierzylinder galten durchweg als lahm und lärmend. Das war auch den Mercedes-Mannen klar gewesen, denn der Vorstand hatte ja kein Geld freigegeben, um einen neuen Basismotor zu entwickeln. Also versuchten sie, aus dem alten OHC-Aggregat das Optimum herauszuholen. Und dämmten ihn so gut ab, dass der Strich-Acht innen viel leiser war als jeder seiner Konkurrenten.

Die »Silberne Nagelfeile«, ein zum Monoposto umgebauter Opel GT mit Dieselmotor, forderte den Ehrgeiz der Daimler-Mannen. Mercedes gönnte Opel keinen Diesel-Weltrekord. Denen doch nicht...!

Mit dem Fünfzylinder-Diesel auf der Rennpiste

Diesel-Rekorde waren in den frühen 1970ern populär. Ausgerechnet Opel fing damit an. Opel hatte nicht nur keine Diesel-Tradition, sondern fast schon eine Diesel-Aversion. Opel hatte sich vehement und beständig geweigert, in seinen Leichtlastwagen Blitz einen Dieselmotor einzubauen, obwohl das so bitter nötig gewesen wäre. Halbherzig und viel zu spät, nachdem viele Unternehmer längst zur Konkurrenz abgewandert waren, ergänzte Opel seinen trinkfesten Sechszylinder-Benziner im Blitz durch einen zugekauften Peugeot-Diesel. Und dann wollte Opel 1972 im Rekord einen Dieselmotor einführen und Daimler-Benz das Taxigeschäft streitig machen. So einfach ging das nicht, und die Marketingabteilung von Opel kam auf den glorreichen Gedanken, dem Diesel in einem Rekordfahrzeug auf die Sprünge zu helfen. Die »Silberne Nagelfeile« als Werbe- und Imageträger entstand. Das war ein zum Monoposto umgebauter Opel GT, der mit dem von Opel neu konstruierten 2,1-Liter-Wirbelkammer-Diesel etliche Weltrekorde einfuhr. Er drehte im

Der C 111 II-D im Juni 1976 während seiner Rekordfahrten auf der süditalienischen Rennstrecke Nardo. Eigentlich keine Rennstrecke. Die Pista di Nardò ist eher eine Teststrecke und gilt als schnellster Rundkurs der Welt, erbaut in den frühen 1970ern mit öffentlichen Fördermitteln, um der wirtschaftlich schwachen Gegend in Apulien unter die Arme zu greifen.

Wankel raus, Diesel rein: Dank Ladeluftkühler und Garret-Turbolader leistete der Strich-Acht-Motor 190 statt 80 Diesel-PS.

Juni 1972 auf der Rundstrecke des Opel-Prüfzentrums in Dudenhofen seine Runden, unter den wachsamen Augen vieler Journalisten und Abgesandter der FIA (Fédération Internationale de l'Automobile). Innerhalb von drei Tagen und zwei Nächten brach die »Silberne Nagelfeile« zwei Welt- und 18 internationale Rekorde für Dieselfahrzeuge in der Klasse zwischen zwei und drei Litern Hubraum. Mittels Turbolader wurde sein Motor auf 95 PS getrimmt. Er schaffte nicht nur 197,5 km/h Topspeed, sondern absolvierte auf der knapp fünf Kilometer langen Strecke auch 10.000 Kilometer Distanz mit einem Durchschnitt von über Tempo 190. Der Rekord-GT (im wahrsten Sinne des Wortes!) war Werbe- und Sympathieträger für den Opel-Selbstzünder. Das war ebenso öffentlichkeitswirksam wie respektabel.

Die Opel-Leistungen müssen großen Eindruck auf die Herren in Untertürkheim gemacht haben. Deshalb implantierten sie ihren fünfzylindrigen Diesel in das für Wankelmotorversuche geschaffene Experimental-Coupé und schickten den C 111-II D im Juni 1976 ebenfalls auf die Piste. Auf der süditalienischen Rennstrecke in Nardò brach der mit Hilfe eines Turbos auf 190 PS gekitzelte Wagen gleich 16 Weltrekorde und stellte damit Opel in den Schatten. Macht nichts. Opel gebührt die Ehre, als erster Großserienhersteller bewiesen zu haben, dass ein Diesel richtig sportlich sein kann.

Bevor aber Mercedes selbst loslegte, gab sich der bekannte Motorjournalist Fritz B. Busch die Ehre. Er erkor den 3-Liter-Fünfzylinder-Diesel, also den OM 617, für eine Dieselrekordfahrt. Eingebaut in einen Formel-II-Rennwagen und via Turbolader auf 187 PS getunt, drehte Busch im November 1975 auf der Versuchsbahn in Ehra-Lessien in der Lüneburger Heide seine Runden und brach mit einer Spitzengeschwindigkeit von 253,705 km/h den Weltrekord. Erst danach ging Mercedes selbst auf die Rennpiste.

Aber das mit Verve! Denn die Stuttgarter nahmen für ihre Rekordjagd nicht mehr und nicht weniger als den Mercedes C 111 her - jenes Aufsehen erregende Wankelmotor-

Generationenwechsel: Während der orangefarbene C 111 II-D auf dem Wankel-C-111 basiert und durchaus das Potenzial zu einem Serienwagen in sich trug, war die silberne Flunder C 111-III von 1978 ein reiner Prototyp.

Vom C 111-III existierten zwei Exemplare, und eines davon wurde 1979 nochmals umgebaut. Mit einem auf 4,8 Liter aufgebohrten 450-SE-Motor, 500 PS stark, holte er den Rundstrecken-Weltrekord mit 403,978 km/h nach Untertürkheim.

Forschungsfahrzeug, das auf der IAA 1969 für Begeisterungsstürme gesorgt hatte. Zahllose Blankoschecks hätte Daimler-Benz entgegen nehmen können, hätte doch nur die Absicht bestanden, dieses Fahrzeug zu bauen. Jedes Kind kannte den C 111, denn jeder Spielzeugautohersteller miniaturisierte ihn und in jedem Autoquartett war er zugegen. Und dieses hinreißende Coupé mutierte nun vom Wankel zum Diesel. Mit Hilfe eines Turboladers entwickelte der 3-Liter-Diesel 190 PS. Damit motorisiert, brach das Versuchscoupé C 111-II D im Juni 1976 gleich 16 Weltrekorde in Nardò. Damit bewies Mercedes, dass nicht nur ein Rüsselsheimer, sondern auch ein Stuttgarter Diesel sprinten kann. Äußerlich unterschied sich das orangefarbene Diesel-Rekord-Coupé kaum von den älteren Wankelmotor-Forschungsfahrzeugen. Sein Nachfolger hingegen war ein echter Rennwagen, der C 111-III von 1978, nunmehr silbern lackiert, voll verkleidet und mit einer imposanten Heckflosse versehen. Der Dreiliter-Diesel leistete dank Turbolader und Intercooler stolze 230 PS. Wieder in Nardò, diesmal im April 1978, beschleunigte die silberne Flunder auf Tempi weit jenseits der 300 und schaffte neun neue Weltrekorde. Aber das war nach der Strich-Achter-Ära.

C 111-III im April 1978, ebenfalls auf Rekordjagd und hier bei einem kurzen Boxenstopp. Er erreichte während einer zwölfstündigen Fahrt eine Durchschnittsgeschwindigkeit von 316 km/h.

Einen C 111 konnte kein Händler verkaufen, nur an die Wand hängen. Doch ein wenig Rekord-Ruhm fuhr auch bei jedem 240 D 3.0 mit. Und den verkaufte jeder Händler gerne, nicht nur die Niederlassung in der Duisburger Bismarckstraße.

Kapitel Fünf

Der W 114: Sechs Töpfe und doppelte Stoßstangen

Sechs Töpfe bedeuteten Renommee. Damals viel mehr als heute. Sechs Töpfe waren das Erstrebenswerte in bürgerlichen Kreisen. Ein 2,5- oder später 2,8-Liter-Sechszylinder war das Höchste, was ein »normaler« Arbeitnehmer in automobiler Hinsicht je erreichen konnte (und wollte), und auch ein »geldiger« Mensch, also erfolgreicher Selbständiger und/oder Arbeitgeber, wollte kaum mehr. Damals gab es automobile Hierarchien, die zu durchbrechen nicht nur schwierig war, sondern teilweise auch am gesellschaftlichen Ansehen knabberten. Nach dem Ikarus-Prinzip wurde sozial bestraft, wer zu hoch hinaus wollte.

Zudem wurden Automobile in den 1970er Jahren noch bar bezahlt, nicht geleast oder finanziert oder mit Bankkrediten bezahlt. Was vor dem Haus parkte, gehörte demjenigen, der im Haus wohnte. Und nicht der Bank oder einer Finanzierungsgesellschaft. Mercedes-Verkäufer waren damals keine Bankberater, sondern ausschließlich Autoverkäufer. Der Bürger war sich seiner Stellung im sozialen Ge-

Gerne gesehener Gast auf jeder Oldtimer-Rallye, zumal beim Heimspiel vor dem imposanten Museumsbau: Ein Typ 250 Automatic aus dem Bestand der hauseigenen Classic Collection mit italienischer Abstammung.

Richtig luxuriös ausgestattet waren die Sechszylinder-Coupés – hier ein früher Typ 250 – nicht. Allerdings gab es Liegesitze schon ab Werk.

füge bewusst und lebte es aus. Natürlich gab es auch Aufschneider, aber denen war ein Strich-Achter ohnehin zu popelig, die strebten nach der S-Klasse. Für viele seriöse Menschen war aber die S-Klasse undenkbar, selbst wenn sie das Geld dafür gehabt hätten. Die S-Klasse fuhr ein Arbeitgeber, ein Fabrikbesitzer, ein Honoratior, ein Privatier. Ein abhängig Beschäftigter nicht, und wenn seine Position und sein Gehalt auch noch so hoch waren. Für ihn allerdings war ein sechszylindriger Strich-Achter das richtige Fahrzeug. Es konnte so viel wie ein 250 S oder 280 SE. Aber es war kein 250 S oder 280 SE. Sondern eben ein 250 oder ein 280 E.

Ein 280 oder 280 E war in den 1970ern jene automobile Business Class, die heute eine gut motorisierte E-Klasse einnimmt.

Daran hat sich nichts geändert. Allerdings ist eine E-Klasse heute nicht mehr gelb lackiert, sondern silber. Oder weiß.

Erkennungsmerkmal: Die 280er-Typen hoben sich von ihren weniger üppig motorisierten Genossen durch die um die Ecke gezogene hintere Stoßstange ab.

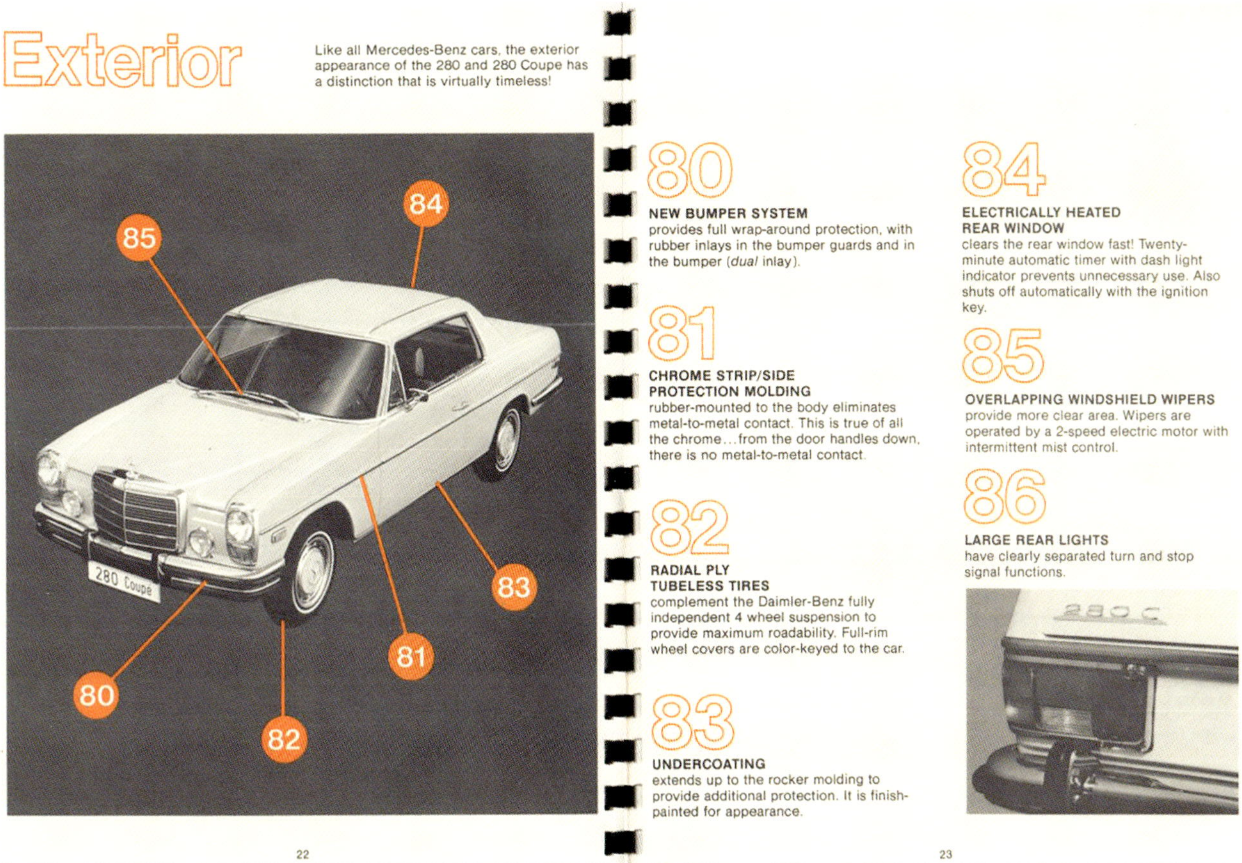

Exterior

Like all Mercedes-Benz cars, the exterior appearance of the 280 and 280 Coupe has a distinction that is virtually timeless!

80
NEW BUMPER SYSTEM
provides full wrap-around protection, with rubber inlays in the bumper guards and in the bumper (*dual* inlay).

81
CHROME STRIP/SIDE PROTECTION MOLDING
rubber-mounted to the body eliminates metal-to-metal contact. This is true of all the chrome ... from the door handles down, there is no metal-to-metal contact.

82
RADIAL PLY TUBELESS TIRES
complement the Daimler-Benz fully independent 4 wheel suspension to provide maximum roadability. Full-rim wheel covers are color-keyed to the car.

83
UNDERCOATING
extends up to the rocker molding to provide additional protection. It is finish-painted for appearance.

84
ELECTRICALLY HEATED REAR WINDOW
clears the rear window fast! Twenty-minute automatic timer with dash light indicator prevents unnecessary use. Also shuts off automatically with the ignition key.

85
OVERLAPPING WINDSHIELD WIPERS
provide more clear area. Wipers are operated by a 2-speed electric motor with intermittent mist control.

86
LARGE REAR LIGHTS
have clearly separated turn and stop signal functions.

22 23

»Dimension'73« nannte sich diese Broschüre mit Ringheftung, welche die Verkäufer mit den Neuerungen vertraut machen sollte. Hier erfuhren sie alles über die »tradition of the total quality concept«. Und über die lieferbaren Extras wie etwa Sitze mit verstärkten Federn...

Brandneu: Mercedes 280 nach dem großen Facelift vom August 1973, aufgenommen am 1. September 1973.

Der sechszylindrige W 114 wurde in drei Hubraumvarianten mit und ohne Einspritzung angeboten, zunächst mit 2,3 und 2,5 Litern Hubraum, später mit 2,3 und 2,8 Litern. Und der Mercedes 250 war mitnichten immer ein Zweieinhalbliter-Wagen.
Der Mercedes 230 trug den Motorencode M 180, und dieser Reihensechszylinder mit einer oben liegenden Nockenwelle (also ein OHC-Aggregat) wurde leicht modifiziert aus der Heckflosse übernommen. Er leistete 120 PS, war laufruhig, wirkte aber weniger agil als die Vierzylinder, weil die doppelten Registervergaser von Zenith weniger schnell ansprachen als die einfachen Stromberg-Horizontalvergaser im 200 und 220. Aus dem Mercedes 230 wurde der 230.6 im August 1973, um sich vom neuen, vierzylindrigen 230er zu unterscheiden; dieser trug den Schriftzug 230.4 auf dem Kofferraumdeckel.

Völlig neu war der Mercedes 250, und mit Produktionsbeginn Dezember 1967 markiert er den Vorreiter der »Neuen Generation«, deren weitere Varianten erst vier Wochen später anliefen. Die Würde des Spitzenmodells der Baureihe unterstrichen einige Details: ein grobmaschigeres Kühlergitter aus Aluminiumguss (auch beim 230), doppelte vordere Stoßstangen, eine Chromblende über dem Lufteinlass vor der Windschutzscheibe, verchromte innere Türrahmen, durchgehender Teppichboden, Armlehnen auch an den hinteren Türen und ein Holzfurnier am Armaturenbrett. Die lang um die Ecken gezogenen hinteren Stoßstangen kamen erst für den 280.

Sein Motor des Baumusters M 114 basierte auf dem 2,8 Liter der S-Klasse W 108 mit geringerer Zylinderbohrung (2496 cm³) und 130 PS (140 PS im 280 S mit 2,8 Litern Hubraum). Ab 1970 gab es für den Mercedes 250 im USA-Export eine weitere Abart dieses Motors, nun mit dem Originalhubraum (2778 cm³) aber weiterhin 130 PS. Dieses Aggregat mit dem Code M 130 löste ab Mai 1972 den 2,5-Liter-Motor ab, die Typenbezeichnung »Mercedes 250« blieb aber. Gegenüber dem nominal gleich starken 2,5 Liter war der hubraumstärkere 250er mit 2,8 Litern ein wesentlich durchzugsstärkeres Auto.

Der Sechszylinder-Doppelnockenwellen-Motor zählte seinerzeit zu den modernsten Hubkolbenmotoren der Welt. Als Vergasermotor im 280 leistet er 160 PS.

Das gleiche Aggregat, nunmehr im 280 E mit elektronisch gesteuerter Benzineinspritzung und 185 PS stark. Durch die Transistorzündung arbeiten die Zündkontakte mit einer sehr niedrigen Stromstärke.

Letzte Ruhe: Dieser Mercedes 250 erhielt nachträglich die um die Ecke gezogene hintere Stoßstange des 280ers, und seine Barock-Alus trägt er auch nicht seit der Geburt. Im Sommer 2003 wartete er im französischen Avallon auf einen Märchenprinz, der ihn wach küsst. Vielleicht hat er ihn zwischenzeitlich gefunden.

Neue Spitzenmodelle brachte der Mai 1972. Es erschienen die Typen 280 und 280 E, der 250er mit ebenfalls 2,8 Litern Hubraum blieb im Programm. Das ist nur auf den ersten Blick ein Anachronismus, denn die neuen Wagen hatten eine neue Motorengeneration mit zwei oben liegenden Nockenwellen (also DOHC) unter der Haube. Daimler-Benz bot nunmehr in derselben Baureihe zwei hubraumgleiche Aggregate an, die verschiedenen Generationen angehörten. Die aktuellen DOHC-Maschinen waren richtige Hochleistungsmotoren mit Leichtmetall-Zylinderkopf und siebenfach gelagerter Kurbelwelle. Sie liefen ruhig, drehten gerne hoch und machten aus dem »Strich-Achter« einen richtigen Klassewagen. Es gab den 280er in zwei Versionen, 160 PS stark mit einem Doppel-Registervergaser von Solex sowie als 280 E mit einer elektronischen Benzineinspritzung Typ Bosch-D-Jetronic und satten 185 PS. Der 280 E knackte die 200-km/h-Marke, und den sonoren Klang dieser Maschinen haben ehemalige 280er-Eigner immer noch im Kopf. Man sagt bis heute, dieser 2,8-Liter-Reihensechszylinder sei derjenige Mercedes-Motor mit dem schönsten Klang.

Das äußere Erkennungsmerkmal des Flaggschiffs dokumentierten neu gestaltete hintere Stoßstangen, die bis zu den Radausschnitten gezogen waren. Hatten die ersten Exemplare bis August 1973 noch doppelte vordere Stoßstangen, so fiel dieses Erkennungsmerkmal nach der Modellpflege weg, auch beim 250er. Weitere Unterscheidungsmerkmale gegenüber den kleineren Brüdern waren der größere Tank, Sechs-Zoll-Felgen mit 185-SR-14-Gürtelreifen, größere vordere Bremsscheiben und eine leicht verstärkte Kupplung. Selbst im 280er mussten die Kunden für die Servolenkung Aufpreis zahlen. Aber sie hatten die Option auf die legendären Fuchs-Barock-Alufelgen, die es nur für den Mercedes 280 und 280 E sowie die Coupés 280 C und 280 CE gab.

Wem sein 250 CE zu lahm war, der ging nach Affalterbach. Dort wurde ihm geholfen, nicht gerade preiswert, aber es war schon immer etwas teurer, einen besonderen Geschmack zu haben

Schwaben-Power von AMG

Eine äußerst kommode Reiselimousine war der Mercedes 250 mit seinen 130 PS, aber besetzt mit zwei Personen wog sie anderthalb Tonnen. Da waren auch 130 PS nicht die Welt. Zunächst lautete der Standpunkt des Werkes: »Rennwagen für Familienväter verlassen den Bereich, den Mercedes-Benz verantworten kann.« (Prospekttext 1969) Den W 114 zum Klassewagen zu adeln, entschloss sich Daimler-Benz erst 1972, da kam der 280 E, knackige 185 PS stark. Wer zuvor einen starken Mercedes wollte, musste zur S-Klasse greifen. Die war stark, hatte aber wegen der Pendelhinterachse kein tolles Fahrwerk. Wer den Wolf im Schafspelz wollte, wer im Mercedes einen wirklich starken Motor mit dem modernen Fahrwerk kombinieren wollte, dem blieb nur der Weg zum Spezialisten.

Ein solcher war die damals noch ganz junge Firma AMG, ein Ingenieurbüro im schwäbischen Burgstall. Heute kauft man AMG-Modelle beim Mercedes-Händler, und die Firma von Hans Werner Aufrecht und Erhard Melcher, nunmehr in Affalterbach, ist der verlängerte Arm der Mercedes-Sportabteilung. Die beiden verdienten ihre Sporen, indem sie für Mercedes Rennmotoren aufgebaut und sich mit dem Motor für den 300 SE einen Namen gemacht hatten. 1966 reifte der Entschluss zur Selbständigkeit, und den entscheidenden Durchbruch schaffte der Tuningbetrieb, als 1971 der monströse 300 SEL 6.8 (die »Rote Sau«) in Spa-Francorchamps einen Klassensieg und zweiten Platz in der Gesamtwertung erfuhr.

Damals wie heute viel Geld ließ sich AMG für nachträglich implantierte Mehrleistung bezahlen, und wer seinen 250er dort frisieren ließ (das Wort »Tuning« war eben erst im Kommen), zahlte unterm Strich meist mehr, als wenn er gleich die S-Klasse erworben hätte. Aber deren Fahrwerk ... Jedenfalls offerierte AMG ein breites Spektrum von einfachen und entsprechend preiswerteren Leistungssteigerungen (10 bis 25 PS bei den Sechszylindern) bis zum Einbau kompletter Einspritzmotoren von 185 PS Leistung. Da blieb dann vom serienmäßigen Vergasermotor kaum mehr etwas übrig. Der Umbau auf 2,8 Liter bedingte einen neuen Motorblock, auch Zylinderkopf, Nockenwelle, Kolben, Saugrohr und Auspuffanlage wurden ausgewechselt. Rund 7000 Mark wurde man 1969 dafür los. Am Fahrwerk änderte AMG wenig. Werksseitig angebotene Tropenstoßdämpfer machten den AMG-250er härter, größere Reifen der Dimension 185 HR 14 ließen ihn besser auf der Straße kleben, 195 km/h Topspeed waren möglich, und für den Sprint auf Tempo 100 vergingen 9,6 Sekunden.

AMG lieferte weitere PS à la carte: Es gab eine Leistungssteigerung von 10 (bei Vergaser-) und 15 PS (bei Einspritzmotoren) durch neuen Zylinderkopf und Sportnockenwellen für rund 1200 Mark. Die nächste Stufe waren 20 beziehungsweise 25 Mehr-PS durch ein Mehr an Feinarbeit für rund 1800 Mark. Für 3500 Mark offerierte AMG den Einbau des 280-S-Motors in den 250er (160 PS), und für 6900 Mark implantierten die Schwaben den 185 PS starken 280-SE-Motor. 4200 Mark musste anlegen, wer seinen sechszylindrigen Mercedes 230 auf 280-S-Spezifikationen umbauen ließ. Die Preise stammen von 1969 und sind ohne Mehrwertsteuer. Die betrug damals moderate elf Prozent.

Selbstverständlich nahm sich AMG auch des Doppelnockenwellen-280ers an, doch dessen Tuning ist eher mit der Nachfolgegeneration W 123 konnotiert. In den 1970er Jahren beschäftigten sich Aufrecht und Melcher mit Leistungskits für den 240 D und den fünfzylindrigen 3-Liter-Diesel. Aber das Projekt schlief mangels Nachfrage ein.

Wo man einen Benz baut

Kein Auto fällt vom Himmel. Es wird entwickelt, erdacht und konstruiert, erprobt, verfeinert und getestet und schließlich auch gebaut und verkauft. Und wenn es kaputt ist, wird es wieder repariert. Für Ersteres war das Werk in Sindelfingen zuständig, für Letzteres die Niederlassungen, Vertragshändler und Werkstätten.

Die Geburtsstätte der »Strich-Achter« war Sindelfingen, dort hatte die Daimler-Motorengesellschaft DMG 1915 eine Fertigungsstätte für Flugzeuge und Flugmotoren gegründet. Nach dem Krieg hatte sich das mit den Flugzeu-

Sindelfingen von oben betrachtet: Diese Luftaufnahme entstand ca. 1967, zu Beginn der »Strich-Acht«-Fertigung. Im 90-km-Radius strömte jeder, der das Glück gehabt hatte, einen Job »beim Daimler« zu ergattern, morgens bei Schichtbeginn ins Werk und abends wieder nach Hause. Staus waren vorprogrammiert.

In Sindelfingen wurden alle Mercedes-Pkw gefertigt, auch die für den Export. Ende der 1970er standen rund 170 Länder auf der Lieferliste.

Produktionsbereiche wie Presswerk, Rohbau, Lackierung und Montage waren in großen Gebäudekomplexen zusammengefasst und durch rund 150 km lange, teilweise unterirdisch geführte Transportbänder miteinander verbunden.

Wegen der gigantischen Nachfrage entstanden die »Strich-Achter« auf den Hauptlinien. Höhepunkt einer jeden Fahrzeugmontage war die sogenannte Hochzeit, bei der der »Benz« sein Fahrgestell erhielt. Dieser Diesel in Phantomgrau (733) des Modelljahres 1974 ging in den Export.

Weil alle Mercedes-Pkw aller Ausführungen in allen Motorisierungen für alle Länder in Sindelfingen entstanden, spielte die Steuerungstechnik eine entscheidende Rolle, denn die Fahrzeuge mussten in der richtigen Reihenfolge und entsprechend der vom Kunden gewünschten Ausstattung die Montagebänder verlassen.

Beim Mittelklasse-Mercedes waren es noch etwas weniger, weil nicht ganz so viele Optionen angeboten wurden. Es waren aber immer noch genug, um den Preis eines Coupés in Vollausstattung in die 50.000-Mark-Nähe zu bringen, mithin fast das Doppelte vom Basis-Listenpreis.

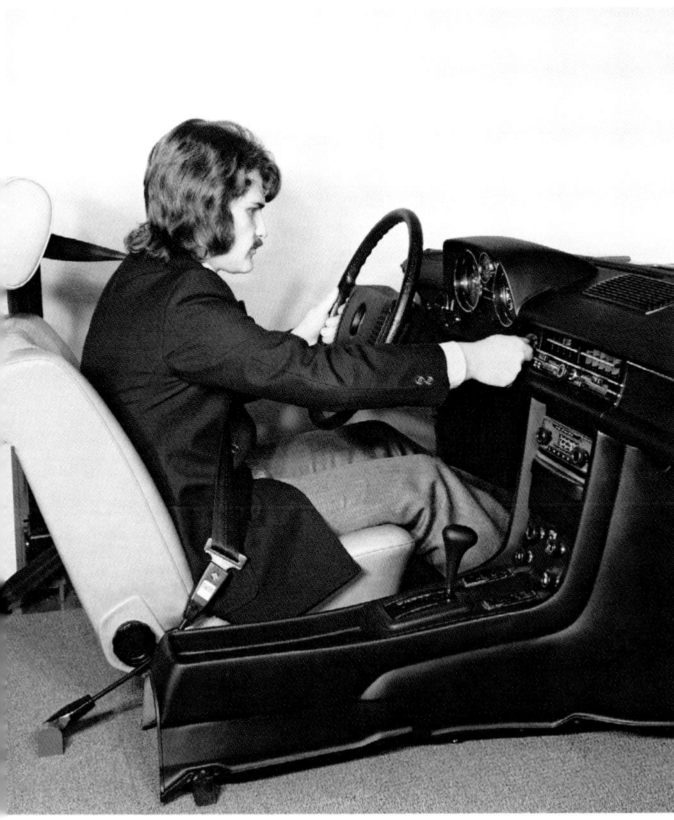

In SiFi erfolgte auch die Sicherheitsforschung bei Daimler-Benz. In solchen »Sitzkisten« – hier der Baureihe W 114 / W 115 – wurde die Anordnung von Sitz, Automatik-Sicherheitsgurt, Armaturenanlage und Lenkrad ausprobiert und unter sicherheitstechnischen Gesichtspunkten optimiert.

gen ja bekanntlich erledigt, und um irgendwie über die Runden zu kommen, hat man versucht, das Werk anderweitig auszulasten – mit Möbeln, zum Beispiel, denn mit Holz kannte man sich aus: Flugzeuge bestanden damals aus einem Holzgerüst, das mit Leinwand bespannt worden war. Nach 1920 wurde mit dem Bau von Karosserien begonnen. Die basierten damals auch auf Holzgerüsten und entstanden in Handarbeit. Nach der Fusion kamen erste Tiefziehpressen dazu, und um das Werk auszulasten, versorgte man auch BMW mit Karosserien. In den 1930ern begann dann der Ausbau zur Automobilfabrik; als der Strich-Achter anlief, war Sindelfingen das einzige Pkw-Werk des Konzerns und verfügte vom Presswerk über den Karosserie-Rohbau, die Lackierung und die Ausstattung bis zur Endmontage über alle für einen Fahrzeugbau notwendigen Stationen. Über 35.000 Menschen arbeiteten dort inzwischen »beim Daimler«.

Die Motoren, Getriebe und Achsen baute aber das Mercedes-Werk Untertürkheim, weitere Standorte steuerten die Lenkung, Gelenkwellen und andere Teile bei. In Sindelfingen war auch das Pkw-Ersatzteilzentrum und das Kundenzentrum beheimatet und die zentrale Entwicklungsabteilung für den Aufbauten zuhause, die sowohl die Personenwagen, Omnibusse und Nutzfahrzeuge als auch die gesamte Stilistik (»Design«) umfasste.

Eine »Just-in-Time«-Produktion war damals noch unbekannt, man produzierte auf Halde und benötigte große Parkflächen, wo die Neuwagen auf ihre Abholung warteten. Auf den Sindelfinger Parkplätzen stand aber kein Neuwagen lange, denn Daimler-Benz hatte Kapazitätsprobleme. Lange warten mussten eher die Kunden, denn sie mussten lange Lieferfristen akzeptieren. Foto von 1976.

Auch das Kundenzentrum befand sich in Sindelfingen. Pro Tag wurden mehrere hundert Fahrzeuge übergeben, und noch heute sieht man am Stuttgarter Hauptbahnhof viele Menschen aus- und in die S-Bahn umsteigen, die offensichtlich neue Nummernschilder mit sich führen.

Der zweimillionste Mercedes-Benz Personenwagen seit 1946 – ein 220 D – lief am 7. Mai 1968 in Sindelfingen vom Band. Er wurde der Fernsehlotterie (»Ein Platz an der Sonne für Jung und Alt«) gespendet.

Zur feierlichen Übergabe des einmillionsten Diesel-PKW aus dem Werk Sindelfingen am 7. September 1971 schwebte dann sogar »Sonni«, der Fernsehlotterie-Hubschrauber Fairchild-Hiller FH1100, ein.

Die Gebrauchtwagenberatungen waren voll des Lobes für die »kleinen« Mercedes. Nur die ersten beiden Baujahre litten unter überdurchschnittlichem Rostbefall. Nach den Werksferien im August 1970 wurde auf eine vollständige Hohlraumversiegelung umgestellt, dann herrschte Ruhe.

Immer wieder spendeten die sparsamen Schwaben – hier eine Serie-1-Limousine – Autos für gemeinnützige Zwecke, meist in Verbindung mit einem Produktionsjubiläum. Und immer war die Presse dabei, die eigene und die geladene. Wohltätigkeit sorgt für schöne Bilder.

Zweifelsohne eine gestellte Szene, aber sicher ist es vorgekommen, dass sich ein Mercedes und ein Käfer in die Quere kamen. Mercedes-Fahrer konnten Anfang der 1970er ihren Wagen in 53 westdeutschen Werksniederlassungen zur Wartung und Reparatur bringen.

Typische Strich-Acht-Mängel waren korrodierte hintere Bremsleitungen, ausgeschlagene Lenkgelenke und defekte Abgasanlagen. Und weil die meist mitgeorderten Veloursteppiche eingeklebt waren und daher nicht gelegentlich hochgenommen werden konnten, war Rost an der Bodengruppe nur schwer zu entdecken.

Nachdem ab dem 1.1.1972 bleiärmerer Kraftstoff eingeführt worden war, baten die freundlichen Herren in der Werkstatt vorsorglich zum Boxenstopp, um den Zündzeitpunkt zurückzunehmen. Das führte zu einer leichten Leistungseinbuße. Weil sie dann aber bei der Fahrzeugübergabe gleichzeitig auch empfahlen, den Wagen nicht mehr voll auszufahren, merkte das der Kunde kaum: Wer einen spritzigen Wagen wollte, kaufte keinen Mercedes.

Lediglich Volvos Baureihe 140 galt als einzig echter Konkurrent für die Mercedes-Mittelklasse. Auch er kein Dynamiker, aber ähnlich solide gebaut. In seiner Heimat war er ebenso erfolgreich wie der Mercedes in der Bundesrepublik. Und beide genießen heute den selben Status in der jeweiligen Klassikerszene.

Kapitel Sechs

Chronologie: Modellpflege und ein bisschen mehr Komfort

Gemeinhin wird von zwei Modellgenerationen im neunjährigen Leben des Stich-Achters gesprochen, dem ursprünglichen Modell und jenem nach der »Mopf« (Mercedes-interne Abkürzung für »Modellpflege«) zum Modelljahr 1974.

Im Herbst 1973 wurde die Baureihe für den Herbst ihres Lebenszyklus' fit gemacht und ihr äußeres Erscheinungsbild änderte sich deutlich. Doch schon zuvor erfuhr der W 114 / W 115 regelmäßige, kleinere Modifikationen. Die Insider sprechen von drei Serien vor der großen Modellpflege:

Geht gut in die Knie: Die Familie innen, deren Gerödel im Kofferraum und auf dem Dach – der Mercedes als Urlaubswagen und der Fahrersitz mit Schonbezug. Vielleicht gar nicht so sehr zur Schonung, sondern damit der Fahrer auf dem MB-Tex besseren Halt findet.

Alltagsszene 1973 im bayerischen Erding, hinten die Kirche St. Johann. Die tief stehende Wintersonne blendet den Mercedes-Fahrer, und mit dem roten Audi 80 und dem zitronengelben 02er BMW hält die Farbenpracht der 70er allmählich Einzug in das übliche, automobile Beigegrauweiß.

Serie 0,5 ab April 1969, Serie 1 ab August 1969, Serie 1,5 ab April 1972, dann Serie 2, gleichbedeutend mit dem Facelift im August 1973.

Keine halbe Sache: Serie 0,5

Während der Serie 0,5, also zwischen April 1969 und Juli 1969 gab es bereits einige signifikante Änderungen: modifizierte Fahrertürarmlehne, zwei Scheibenwaschdüsen anstelle von einer, Innenrückspiegel schwarz statt verchromt, Liegesitze serienmäßig, Fünfganggetriebe für Sechszylindermodelle optional.

Jetzt etwas mehr Lametta: Serie 1

Zum Modelljahr 1970, also im August 1969, gab es erneut etliche Änderungen: Bodenteppiche im vorderen Fußraum statt Gummi und eine verkleidete Hutablage, einen vergrößerten Aschenbecher in einteiliger, mit Teppich ausgekleideter Mittelkonsole, Handschuhfachbeleuchtung, neues Design für die Türverkleidungen und neue Struktur der Armaturenbrettverkleidung sowie, den Vorschriften gehorchend, eine Warnblinkanlage. Der Mercedes 250 erhielt Holzblenden am Armaturenbrett, seine Mittelkonsole war seitlich mit Teppich verkleidet. Außerdem offerierte Daimler-Benz nun serienmäßige Hohlraumversiegelung. In die laufende Produktion flossen später weitere Verbesserungen ein: Becker-Mexiko-Radio, erstes Autoradio mit Cassettendeck, mono oder stereo ab Oktober 1969, im Juni 1970 als Extra H1-Halogenscheinwerfer, im Juli Velourspolster für das Coupé, im August 1971 Veränderung des Kühlergitters: nun einheitlich aus Kunststoff statt vorher aus Stahl (W 114) oder Aluguss (W 115).

Tauberbischofsheim 1977 mit Vormopf-Strich-Achter und Nachmopf-Strich-Achter, Opel Ascona B, BMW 3er E21 und ganz links Simca 1308.

Rückwärts einparken im unterfränkischen Hofheim, Landgerichtsstraße, zu Zeiten, als die VW-Käfer-Population auf westdeutschen Straßen noch hoch war (1973).

Jetzt wird's bunt: Serie 1,5

Der April 1972 brachte die erste optische Erfrischung, nämlich neue Farben für Karosserie, knallige Außenfarben wie Gelb oder Signalrot waren ein erster Tribut an die bunten 70er Jahre, auch neue Polsterfarben und -musterungen, erneut neues Design für die Türinnenverkleidungen, serienmäßig eine Verbundglaswindschutzscheibe, Scheibenwischerintervallschaltung und Blinkertippkontakt, dazu eine neu gestaltete Kulisse für den Automatik-Wählhebel. Zeitgleich hielt eine neue Motorengeneration Einzug. Im Juni 1972 ersetzte H4 das alte H1-Halogenlicht, als neues Extra gab es ab Juli eine Scheinwerfer-Wisch-Waschanlage, im Oktober automatische statt statischer Sicherheitsgurte und auf der rechten Kofferraumdeckelseite stand nicht mehr »Automatic«. Der Februar 1973 war Startschuss für das umschäumte Sicherheitslenkrad (nicht etwa erst die große Mopf, wie vielfach angenommen), und der März 1973 brachte eine neue Nebelschlussleuchte, Kopfstützen und vordere Automatikgurte nunmehr serienmäßig.

Die weiße Flotte: So nannte Daimler-Benz die Fahrzeuge, die der Ausstellung »Werkzeugmaschinen aus der BRD« in Moskau 1973 als Transportmittel zur Verfügung gestellt wurden. Auf dem Roten Platz aufgereiht sind drei W 115, zwei W 108 und fünf O-608-Kleinbusse.

Für das Foto durfte sie es. Im Alltag nicht. Dann hätte der Vater geschimpft, wenn sich die Tochter auf den Kotflügel gesetzt hätte. Mit dem Rock war es okay, mit nietenbesetzten Jeans hätte es einen Aufschrei gegeben. Strich-Achter in Tiefblau 920 vor Einfamilienhaus am Ortsrand, direkt am Wald.

Ein bisschen mehr Chrom wünschte er sich. Darum verpasste sein Herr ihm zwei Zierleisten rechts und links vom Kühlergrill. Womöglich eine kleine Reminiszenz an einen 300 SE Heckflosser, der mal in Familienbesitz war.

Die erste Strich-Achter-Serie mit eckigem vorderem Karosserieabschluss, eingebettet in eine schöne Werkstatt-Hinterhofszene aus den frühen 70ern.

Die Modellpflege für 1974 brachte einen gerundeten unteren Karosserieabschluss und einen niedrigeren Kühlergrill. Vor dem Strich-Achter waren schon viele Mercedes-Typen modernisiert worden, indem sie eine flachere und/oder breitere Kühlerattrappe erhielten.

Vom Besten gelernt: Serie 2

Das wesentlich neue Erscheinungsbild brachte der August 1973, also eine große Modellpflege. Während sich der W 114 / W 115 in seiner ursprünglichen Form stilistisch an seinen drei Jahre zuvor präsentierten großen Bruder der Serie W 108 angelehnt hatte, stand nun dessen Nachfolger W 116, die S-Klasse ab 1972, Pate für einige neue Designmerkmale.

Der Chromgrill wurde breiter und niedriger und der Stern trug einen kleineren Sockel, die Motorhaube war dadurch weniger gewölbt. Das vordere Abschlussblech unter der Stoßstange erhielt eine neue Form; von vorne betrachtet verlief es nicht mehr parallel zur Stoßstange, sondern stieg nach außen an, seitlich gesehen bildete es keinen horizontalen vorderen Abschluss mehr, sondern einen gekröpften. Zudem bestand das ehemalige Blech-Teil fortan aus Kunststoff. Durch dieses neue vordere Abschlussblech verloren die 250er ihr Charakteristikum, die Doppelstoßstange. Die Kennzeichengrundplatte befand sich nun auf und nicht mehr unter der Stoßstange. Die A-Säule erhielt neue Verkleidungen, analog zur S-Klasse, welche der Verschmutzung der Seitenscheiben vorbeugten, und auch der Rückfensterrahmen wurde neu gezeichnet und mit einem Regenwasserleitprofil versehen. Anstelle aufgesetzter und verchromter Außenspiegel bekam der Mittelklasse-Mercedes nach der Modellpflege integrierte, größere Spiegel. Sie fügten sich in das vordere Ende des Seitenscheibendreiecks ein, waren von innen verstellbar und bedingten, dass die Dreieckfenster in

Beide Generationen in Eintracht, was den Unterschied zwischen alt (links) und neu gut demonstriert. Das Erscheinungsbild ist moderner geworden, ohne Frage.

Ausparken vor der Domkirche in der Stuttgarter Königstraße zwischen zwei BMW: Mercedes 200 des Modelljahrs 1974 in Signalrot 568 mit Starktonhörnern auf der Stoßstange. Zudem trägt er Winterreifen mit Spikes.

den vorderen Türen weichen mussten. Das war ein Trend in den 1970er Jahren, Dreieckfenster waren plötzlich altmodisch. Effizientere Belüftungsmechanismen machten sie in den Augen der Konstrukteure überflüssig. Und trotzdem stellte ein variabel geöffnetes Dreieckfenster nach wie vor eine optimale Belüftung dar. Das Coupé behielt sein Dreieckfenster, doch das war nun starr und nicht mehr ausstellbar. Von hinten unterschieden sich die modellgepflegten 200er bis 280er durch neue, geriffelte Rücklichtgläser, ebenfalls nach dem Vorbild der S-Klasse. Die Riffelung bewirkte, dass die Lichter auch bei starker Verschmutzung besser strahlten. Der Kofferdeckelgriff wurde breiter, die Heckschriftzüge erhielten eine neue Form und wurden größer. Der Innenraum blieb weitgehend unverändert, andere Holzoberflächenversiegelung, Kontrollleuchten mit Symbolen statt beschriftet.

Kurz nach der großen Modellpflege, im Herbst 1973, wurde die Automatik aktualisiert. Sie erhielt, internationalen Standards entsprechend, einen Drehmomentwandler und schaltete nun entsprechend weich. Ab Februar 1974 gab es endlich auch für die Limousinen Metalliclackierungen (für

Lichter der Großstadt: Das Kühlergitter nun einheitlich aus Kunststoff, und im Neuzustand heller und grauer, als man es gemeinhin in Erinnerung hat. Das Gitter wurde im Laufe der Jahre immer dunkler und schmutziger, weil es niemand mit der Flaschenbürste pflegte. Und irgendwann dachten alle, es sei werksseitig dunkelgrau oder schwarz gewesen.

»Strich-Achter« in Zahlen

Die Viertürer-Limousine wurde 1.833.442 Mal gebaut, 67.048 Coupés und 9.895 Langlimousinen (die der Volksmund gerne »Pullman« nennt) entstanden. 3715 Teilkarosserien mit kurzem und 4956 mit langem Radstand bildeten die Basis für Kranken- und Bestattungswagen.

das Coupé von Anfang an), im Juni 1974 wurden Tankschloss und Gürtelreifen Serie, im August optionale Sitzheizung, ab Dezember 1974 auch für die Limousinen auf Wunsch Velourspolsterung und ab Dezember 1975 bekamen alle 280er serienmäßig eine Servolenkung spendiert. Nichts bedeutend Neues mehr bis zum Produktionsauslauf, ab Januar 1976 war kein Fünfgang-Getriebe mehr lieferbar.

Die Baureihe W 114 / W 115 lief im Dezember 1976 aus. Trotzdem die Energiekrise der Jahre 1973/74 voll in ihren Lebenszyklus fiel, war sie ungemein erfolgreich, so erfolgreich, dass Daimler-Benz erstens den Produktionsbeginn des Nachfolgers W 123 nach hinten verschob und zweitens die bisherigen Modelle ein ganzes Jahr lang parallel zum W 123 weiterbaute. Dieser erschien im Dezember 1975 (280 und 280 E) respektive Februar 1976 (restliche Modelle außer 250, der erst

Familienbande: Der Strich-Achter glich sich nach seiner Modellpflege dem W 116 an, und der wiederum nahm Anleihen am C 107. Innerhalb von anderthalb Jahren hatte sich das Pkw-Programm komplett erneuert, worauf die Werbung 1973 stolz hinwies.

Nunmehr auch ein farbiges Armaturenbrett: In diesem Mercedes 280 blickt der Fahrer auf ein komplett blaues Ambiente, neues Lenkrad mit Prallplatte.

Herbstlich romantisch. Heute mutet es fast schon fremdartig an, wie lang damals die Radioantennen waren. Daimler-Benz montierte sie beim Strich-Achter nicht immer auf den vorderen rechten Kotflügel. Zeitweise, nämlich zwischen August 1974 und Oktober 1974, war sie auf dem hinteren linken Kotflügel befestigt, wo sie ausschließlich beim 280er bis zuletzt auch blieb. Diese Aussage hat aber nur relativen Wert, denn sie bezieht sich auf werksseitig mit Antenne ausgelieferte Fahrzeuge. Falls der Kunde Radio und Antenne nachträglich einbauen ließ, tat die Werkstatt, was er wünschte und montierte, wohin er es wünschte.

Noch nicht das Ende, aber der Anfang vom Ende: Viel schwarzer Teroson-Unterbodenschutz am flink geschweißten und nunmehr zierleistenlosen Türschweller. Der nächste Tüv-Termin war der letzte. Sehr zeitgenössisch sind die farbig ausgelegten Mercedes-Sterne auf den Radkappen. So tobte sich aus, wer gerne mit dem Pinsel malte. So sahen die Wagen mit den Anti-Atomkraft-Aufklebern in den 80ern aus.

Auch ein ziemlicher Endzustand: Mit der Rolle weiß gestrichener Wagen, alles weiß inklusive der Scheibenwischer und des Chromzierrats. Der Wagen könnte als Dienstwagen der Ariel-Klementine durchgehen („Nicht nur sauber, sondern porentief rein").

ab April 1976 vom Band lief). Der W 123er war als Neuheit dermaßen begehrt, dass mehrjährige Lieferfristen an der Tagesordnung waren. Vernunftmenschen und Taxifahrer sahen im Auslaufmodell kein solches, sondern ein sehr ausgereiftes Automobil ohne Lieferfristen, das in ihren Augen nicht weniger bot als der Nachfolger, aber weniger kostete.

Die »Neue Generation« war ein riesiger Verkaufserfolg, 1.919.056 Exemplare (darunter 945.206 Diesel) liefen zwischen Dezember 1967 und Dezember 1976 vom Sindelfinger Fließband, und damit war der Strich-Achter der erste Millionär von Mercedes. Ein paar letzte Bandabläufer wurden auch noch Anfang 1977 fertig gestellt. Viele Jahre lang war diese Baureihe ein beliebter, begehrter und gehegter Gebrauchs- wie Gebrauchtwagen, und bis in die frühen 90er Jahre hinein liefen Taxis mit unglaublich vielen Kilometern auf dem Buckel im Alltagsbetrieb.

Das radikale und irreparable Ende: Ein Glatteisunfall des Winters 1970/71, Kontrahenten sind ein Mercedes W 114 und ein recht seltener Autobianchi A 111, ein 1969 bis 1972 hergestellter Fronttriebler aus dem Hause Fiat, der ursprünglich als Nachfolger des Fiat 1300 / 1500 konzipiert wurde, dann aber als Autobianchi erschien und in Deutschland mit leidlichem Erfolg vertrieben wurde. Der grau lackierte Krankenwagen ist ein Heckflossen-Vierzylinder.

Bunte Autos in den 70ern: vorne der Vormopf-, daneben der Nachmopf-Strich-Achter, und was sich im Hintergrund tummelt, repräsentiert zumindest farblich ebenfalls das Jahrzehnt: Fiat 500 in Orangerot, Ford P5 in Knallrot mit weißem Dach, weiter hinten ein ebenfalls roter Audi 100.

Farbenspiele: 64 Farbtöne zwischen 1968 und 1976

Die Daimler-Benz-Farbpalette war schon immer ziemlich umfangreich. Denn der Konzern exportiert in sehr viele Länder, die Geschmäcker sind unterschiedlich und Daimler-Benz versucht, länderspezifischen Vorlieben nachzukom-

Die Farben der Saison: drei 280er und ein vierzylindriger Strich-Achter aus den Mitt-1970ern, von links Ahorngelb 606, Signalrot 568, Kaledoniengrün 867 und Saharagelb 673. Und, weil wir schon dabei sind: Der Opel Manta A SR, der sich im Hintergrund unter den Bäumen versteckt, trägt Signalgelb, was zwischen Juli 1973 und August 1975 im Opel-Einsatz war.

Wintermärchen mit Tabakbraun 423. In den 70ern war Braun ein Modefarbton, vor allem als Metalliclack. Danach konnte niemand mehr Braun an Autos sehen, es verschwand völlig. 30 Jahre lang. Und dann kam es zurück. Wieder als Modefarbe.

Weiß- und Beigetöne
Weiß 050 (1968–75)
Pastellweiß 131 (1972–75)
Papyrusweiß 717 (1968–75)
Classicweiß 737 (1975–76)
Weißgrau 158 (1968–72)
Hellbeige 181 (1968–71)
Herbstbeige 424 (1972–75)
Coloradobeige 470 (1975–76)
Beigegrau 726 (1968–75)
Hellelfenbein 623 (1972–76)
Hellelfenbein 670 (1968–71)
Tunisbeige Metallic 462 (1968–75)
Sandbeige Metallic 467 (1968–72)
Beigegrau Metallic 728 (1968–72)

Grautöne
Arabergrau 124 (1968–72)
Anthrazitgrau 173 (1968–72)
Phantomgrau 733 (1972–76)
Pastellgrau 740 (1975–76)
Silbergrau Metallic 180 (1968–75)
Astralsilber Metallic 735 (1975–76)
Anthrazitgrau Metallic 172 (1968–76)

Blautöne
Horizontblau 304 (1968–72)
Pastellblau 922 (1975–76)
Mittelblau 350 (1968–72)
Blau 903 (1968–76)
Aquablau 917 (1972–74)
Tiefblau 920 (1968–74)
Dunkelblau 904 (1968–76)
Blau Metallic 387 (1968–75)
Mittelblau Metallic 396 (1968–72)
Magnetitblau Metallic 931 (1975–76)
Graublau Metallic 906 (1972–76)

Grüntöne
Dunkelgrün 268 (1968–76)
Dunkeloliv 291 (1968–76)
Tiefgrün 825 (1975–76)
Grün 860 (1972–75)
Kaledoniengrün 867 (1975–76)
Nickelgrün 870 (1975–76)
Moosgrün Metallic 834 (1968–72)
Silbergrün Metallic 861 (1972–76)
Piniengrün Metallic 862 (1972–75)
Citrusgrün Metallic 874 (1975–76)
Zypressengrün Metallic 876 (1975–76)

Rottöne
Dunkelrotbraun 460 (1968–75)
Dunkelrot 542 (1968–75)
Englischrot 504 (1972–76)
Karneolrot 514 (1972–75)
Mittelrot 516 (1968–76)
Signalrot 568 (1968–76)
Rot 576 (1968–72)
Brillantrot Metallic 525 (1975–76)
Rot Metallic 571 (1968–75)

Orange- und Gelbtöne
Cayenneorange 406 (1975–76)
Ahorngelb 606 (1972–76)
Mimosengelb 618 (1975–76)
Gelb 624 (1972–76)
Saharagelb 673 (1975–76)

Brauntöne
Tabakbraun 423 (1968–72)
Topasbraun 424 (1975–76)
Milanbraun Metallic 404 (1975–76)
Ikonengold Metallic 419 (1972–76)
Byzanzgold Metallic 422 (1972–75)
Bronzebraun Metallic 461 (1968–72)

Schwarz ist schwarz
Schwarz 040 (1968–76)

men. Da derartige »Orchideenfarben« ohnehin am Fließband entstehen, bietet das Werk alle Farben auf allen Märkten an. Für den Strich-Achter gab es innerhalb seiner neunjährigen Bauzeit 64 Töne. In Deutschland dominierten in den späten 1960ern und frühen 1970ern noch die Farbtöne der 1960er Jahre, Variationen in Weiß, Beige und Grau, auch ein paar dunkle Farben, alles sehr gedeckt.
Der Geschmack änderte sich in den 1970ern. Kunden kauften zunehmend, selbst im Mercedes-Sektor, bunte, grelle Farben, und Daimler-Benz gab ihnen teils phantasievolle Namen. Farben unterliegen der Mode, sind Trends, damals wie heute. Aber während heute Farben eher nach der potenziellen Wiederverkaufsmöglichkeit des Autos ausgewählt werden, zumal heute die Autos oftmals nicht im Eigentum, sondern nur im Besitz der Fahrer sind, bestimmte zu Strich-Achter-Zeiten tatsächlich der persönliche Geschmack die Farbauswahl. Denn der Mercedes wurde bar bezahlt und befand sich im Eigentum des Fahrers.
Nicht alle Farben waren für alle Fahrzeuge lieferbar. Einige Farben waren zeitweise Standard- und zeitweise Sonderlackierungen. Manche Töne blieben dem Coupé vorbehalten, das Metallictöne von Anbeginn trug, für die Limousinen war Metallic erst ab Februar 1974 lieferbar. Sodann gab es Behördenlackierungen ab Werk, und auch diese variierten je nach Vorgaben während der Bauzeit (Polizei-Streifenwagen, Feuerwehr-Einsatzleitwagen etc.). Ein Privatmann bekam keinen Mercedes 200 in Weiß mit dunkelgrünen Türen und Hauben, die Polizei schon. Dafür bekam der Privatmann auf Wunsch ein in passender Kontrastfarbe lackiertes Dach. Aber eines bekam er von Mercedes nie: einen Vinyldachbezug.

Tempo 100 war das Maximum mit Spikes-Reifen, und wer die Nägel im Gummi trug, war verpflichtet, der 100er-Aufkleber am Heck zu befestigen. Einparken mit einem Mercedes 200 in Signalrot 568.

Die absolute Modefarbe, Kaledoniengrün 867, gab es nur in den letzten beiden Produktionsjahren. Schon damals umstritten, aber Daimler-Benz traute sich in Sachen Farbe schon immer etwas, und am meisten traute sich Daimler-Benz in den 1990ern mit Bornit Metallic. Aber allen Farbkritikern konnte das Werk entgegnen, dass es ja auch genügend seriöse Töne auf der Palette gab.

Zweifarb-Kombinationen

Zweifarbenlackierungen, also das Dach in anderer Farbe, war eine Mode der 1960er Jahre, und es wurden fast ausschließlich sehr frühe Strich-Achter in Zweifarblackierung bestellt (nur Limousinen, nicht Coupés). 1969 waren folgende Kombinationen möglich:

- Dachfarbe Schwarz: Karosseriefarben Anthrazitgrau, Blau, Dunkeloliv, Rot, Hellelfenbein, Mittelblau und Dunkelgrün
- Dachfarbe Anthrazitgrau: Karosseriefarbe Weißgrau
- Dachfarbe Dunkelgrün: Karosseriefarbe Papyrusweiß
- Dachfarbe Dunkelrotbraun: Karosseriefarbe Hellbeige
- Dachfarbe Dunkelblau: Karosseriefarben Horizontblau, Papyrusweiß
- Dachfarbe Tabakbraun: Karosseriefarben Weißgrau, Hellbeige.

Im Taxi-Alltagsbetrieb, also im Verkehrsgewühl der Stadt, war es sicher keine Freude, einen langen W 115 zu fahren. Er war eher die repräsentativere Alternative zum VW Samba-Bus. Mit ihm konnten sieben oder acht Personen standesgemäß befördert werden.

Der lange W 115: Pullman-Limousinen, die nicht Pullman hießen

Im Dezember 1968 lancierte Daimler-Benz die Langversionen mit um 65 Zentimeter verlängertem Radstand als 220 D und sechszylindrigen 230, später kam der 240 D hinzu. Die Fahrzeuge mit drei Sitzreihen waren sieben- bis achtsitzig und als Taxi, Hotel-Omnibus und Flughafen-Zubringerfahrzeug gedacht. 1970 erschien die lange Limousine mit nur fünf Sitzplätzen und immensem Fußraum hinten. Teilkarossiert bildete das verlängerte Chassis die Basis für Kranken- und Bestattungswagen. Um die 5,35 Meter langen und bis zu 2,2 Tonnen schweren Wagen zu tragen, verbaute Daimler-Benz eine hydropneumatische Federung und anfangs 15-Zoll-Felgen. Deswegen trugen frühe Fahrzeuge andere Radkappen als üblich. Ab 1968 gab es die bekannten, einteiligen Nirosta-Radkappen mit in Karosseriefarbe lackiertem Innenteil. Sie lösten die kleinen Radkappen, die nur den Innenteil der Felge bedeckten, ab. Diese konnten mit untergeklemmten Felgenzierringen aufgerüstet werden, wenn der Kunde wünschte, dass die gesamte Felge abgedeckt wurde. Die großen Radzierblenden, gleichzeitig 1968 für alle Mercedes außer dem 600er eingeführt, waren nur für 14-Zoll-Felgen geeignet. Weil die »Pullmänner« (die offiziell nie »Pullman« hießen, diese Bezeichnung hatte Mercedes-Benz seinen Frontlenker-Lastwagen LP und dem langen 600er vorbehalten) aber 15-Zoll-Räder hatten, mussten die alten kleinen Radkappen mit den Zusatzzierblenden wieder ran. Erst später, als auch die langen Mercedes auf 14-Zöllern rollten, bekamen sie ebenfalls die neuen, einteiligen Radkappen.

Offizieller Anlass mit langem Strich-Achter. Ankunft des rumänischen Heeresministers Ion Ioniță am österreichischen Flughafen Wien-Schwechat.

Als Hotel- oder Flughafenzubringer ergab eine Pullman-Limousine Sinn, obendrein spielte hier das Repräsentationsmoment eine Rolle

Die langen Limousinen sind selten geworden, wenige befinden sich in Liebhaberhand. Diese Fahrzeuge sind in den 1980er Jahren reihenweise von Auto-Exporteuren aufgekauft und in den Nahen Osten verschifft worden. Wenn heute im Fernsehen ein Bericht beispielsweise über den Libanon läuft, und der Korrespondent auf einer Hauptstraße in Beirut steht, kann man sehen, wie viele lange Strich-Achter dort als Taxis unterwegs sind. Rund 10.000 lange Limousinen und Teilkarosserien wurden gebaut.

Hinter den Kulissen der Leipziger Frühjahrsmesse 1976: Langer Strich-Achter mit Frankfurter Kennzeichen, das Fahrzeug eines Westbesuchers oder -ausstellers. Vor ihm, als Beleg des Standorts, ein Moskvitch 412 Taxi, ganz rechts ein Wartburg 353.

Zahlen. Nichts als Zahlen. Produktionszahlen. Also hohe Zahlen.

Der erste Millionenseller in der Daimler-Benz-Geschichte ist der Strich-Achter. Millionär zu sein, ist für einen Autotyp eine schöne Auszeichnung. Der Volkswagen Kafer brachte es auf 21.529.490 Exemplare bis zum Jahr 2003, zuletzt in Mexiko. Gleichzeitig steht die hohe Stückzahl der Individualität und Exklusivität im Wege, die ein Mercedes aufgrund seines Status' schon immer versprühte.

Ganz interessant ist die Stückzahlentwicklung der vergleichbaren Baureihen vor und nach dem W 114/W 115 - wobei die absoluten Zahlen natürlich sehr relativ und nicht unbedingt belastbar für den Erfolg des jeweiligen Mercedes-Typs sind. Denn die jeweiligen Baureihen hatten einerseits eine unterschiedliche Produktionsdauer, andererseits spielt das wirtschaftliche und soziologische Umfeld eine Rolle. In Zeiten großen, allgemeinen Wohlstands verkauft sich ein Mercedes besser als in Zeiten wirtschaftlicher Schwierigkeiten. Zudem sprachen die Baureihen, durch Typvarianten, auch mehr oder weniger viele Kunden an. Beispiele: Vor dem Strich-Achter gab es keine Coupés in der Mercedes-Mittelklasse. Der W 123 erreichte all jene Kunden, die einen Kombi wollten, den sie zu Strich-Achter-Zeiten bei Daimler-Benz nicht bekamen, sondern bei Ford hatten kaufen müssen. Beim W 124 kam ein Cabriolet hinzu, während Coupé und Cabriolet beim W 210 in eine andere Modellreihe ausgelagert wurden. Trotz dieser Einschränkungen ist der Zahlenvergleich der jeweiligen Baureihen der Mercedes-Mittelklasse ganz interessant.

Der Wirtschaftswunder-Mercedes war der »Ponton«; in seiner vierzylindrigen Version wurden 442.843 Exemplare hergestellt. Seine Sechszylindervariante ist heute der S-Klasse gleichzustellen und somit für diesen Vergleich irrelevant. In den saturierten 60ern war der »Peilstege-Mercedes« zuhause (die »Heckflosse«); als 190er und 200er mit Vierzylindermotoren sowie als sechszylindriger 230 mit der Vierzylinder-Karosserie (also nicht 230 S) wurde er 628.283 Mal gebaut. Dann der Strich-Achter, dieser Baureihe wird erstmals ein Coupé zugerechnet und sie erlebte mitten in ihrer Produktionszeit den kolossalen Verkaufseinbruch durch die Ölkrise 1973/74. Dennoch liefen 1.773.485 Limousinen mit vier, fünf und sechs Zylindern, Benziner und Diesel, vom Band, dazu 67.048 Coupés, also insgesamt 1.840.533 Strich-Achter.

Absoluter Rekordhalter in der Mittelklasse war der W 123 mit 2.696.915 Einheiten, darin enthalten 99.884 Coupés und 199.517 T-Modelle, also Kombis. Dessen Nachfolger, der W 124, erreichte die W-123-Zahlen nicht ganz: 2.583.470 Exemplare, darin enthalten 141.498 Coupés, 33.968 Cabriolets, 340.503 T-Modelle sowie 8.788 Langversionen und Teilkarosserien. Der W 124 war tatsächlich der letzte Mercedes, der in der Reihe der traditionellen Mittelklasse steht. Sein Nachfolger W 210, der erste Mercedes mit dem Vieraugen-Gesicht, war um eine Klasse gewachsen und nun so groß wie zuvor die S-Klasse (und die S-Klasse wurde zum Riesen), zudem gab es ihn nicht mehr als Coupé und Cabriolet. Dennoch die Zahlen: 1.653.437 W 210er, darin enthalten 279.238 T-Modelle. Aber zu seinen Zeiten belegte eigentlich die ebenfalls gewachsene C-Klasse das Segment der bisherigen Mittelklasse. Viele W-124-Käufer wechselten zu ihr, weil ihnen der W 210 zu groß war.

Jubiläum auf dem Weg zum Rekord: zwei Millionen Mercedes-Personenwagen seit Kriegsende, das Auto geschmückt wie ein Pfingstochse. Die Sindelfinger Gärtnerei um die Ecke zeigte sich nicht sonderlich kreativ.

Kapitel Sieben

Schwäbisches Schätzle: Erstmals ein Coupé auf Basis der Mittelklasse

Schön oder nicht schön? Die Geister streiten sich. Harmonisch oder zusammengewürfelt? Über Geschmack lässt sich nicht streiten. Eine geniale Idee oder eine verkorkste Lösung? Das Coupé polarisiert die Betrachter seit einem halben Jahrhundert. Daimler-Benz machte aus dem Unterbau der »Neuen Generation« einen Zweitürer und versah ihn mit einem niedrigen und verkürzten Coupédach ohne B-Säulen. Heraus kam ein stilistisches Konglomerat: oben chic, unten sachlich. Würde sich eine Dame so kleiden, erntete sie bei den einen Kopfschütteln wegen der falschen Kombination und mangelnden Stilgefühls, hingegen Bewunderung für ihren Mut und ihre Individualität bei den an-

250 C in Piniengrün Metallic in stilvollem Ambiente vor dem Kurhaus Baden-Baden. Daimler-Benz positionierte das Coupé als exklusives Automobil für Liebhaber.

Dieses Bild konnte nur Ende der 1960er Jahre entstehen. Die gelben Kniestrümpfe und der Ringelpulli, ja sogar die Perücke waren damals todschick und todernst. Heute hat dieses Outfit allenfalls Faschingscharakter. Auf der Stoßstange die optionalen Starktonhörner.

deren. So, und nicht anders ergeht es dem W 114 Coupé, damals wie heute. Heute weniger als damals. Denn vor einem Klassiker haben die Betrachter Respekt. Ihn für sein Design zu kritisieren, ziemt sich nicht – schon alleine aus Angst des Einzelnen, alleine mit seiner Meinung dazustehen. Und es gibt ja bekanntlich nichts Schlimmeres, als mit seiner Ansicht alleine zu sein.

Die Technik und einen Großteil der Karosseriepressteile von der Bodengruppe bis zur Front- und Heckpartie teilte sich das Coupé mit der Limousine und war somit verhältnismäßig kostengünstig herzustellen. Opel und Ford hatten es vorgemacht: Ein Coupé auf Basis der verschiedenen Limousinen war nicht nur gut für das eigene Image, denn es peppte die ganze Modellfamilie auf. Es brachte auch neue Käufer – Menschen, welche zwar ein individuelles, aber auch bezahlbares Fahrzeug haben wollten, ohne dabei auf bewährte Großserienfertigung zu verzichten. Außerdem versprachen diese Fahrzeuge meist einen der Limousine vergleichbaren Innen- und Kofferraum, waren also trotz ihrer Eleganz und Extrovertiertheit durchaus alltagstauglich. Daimler-Benz befand: Das machen wir auch, und zwar auf Basis der »Neuen Generation«. Das Coupé stand von Anfang an im Lastenheft, die Entwicklung des Strich-Achter berücksichtigte diese Option bereits.

Eindrucksvolle Front: Durch den niedrigen Dachpavillon wirkt die Front umso bulliger. Macht schon was her, so ein W-115-Coupé! Und dann noch das weiße Lenkrad...

Ein Grand Routier, auch bei Regen, ein Individualistenwagen mit dem Vorzug der Großserientechnik, ein echtes Reisecoupé. Und sein großzügiges Kofferraumvolumen steht dieser Bezeichnung wahrlich nicht im Wege.

Eine in höchstem Maße individuelle Linienführung, ein ganz eigener Stil. Die großen Türen allerdings konnten hinderlich sein, beispielsweise in Normgaragen. Daher veröffentlichte Daimler-Benz auch einen Prospekt namens »Garagenmaße«.

Letztlich war die Serienausstattung der 250 C / CE etwas umfangreicher als bei den Limousinen. Liegesitze zum Beispiel – damals auch als »Liebessitze« verballhornt – gab's hier ohne Aufpreis. Und Holzdekor fürs Armaturenbrett auch. Hier auch schön zu sehen die patentierten Türschlösser, die ein Aufspringen im Falle eines Unfalls verhindern sollten.

Ein 250 CE beschleunigte in 10,9 Sekunden zur 100-km/h-Marke. Doch sparsam war dieser Schwabe dann nicht, unter 20 Litern waren die 100 Kilometer kaum zu haben.

Niederländischer Prospekt für die Sechszylinder-Coupés, 1969. Diese Gestaltungslinie wurde bis Anfang 1972 beibehalten, danach wurden Format und Außengestaltung umgestellt.

Auszug aus dem 1973er Coupé-Sammelprospekt, diesmal in deutscher Sprache und im Hochformat statt im bisherigen Querformat.

Die wesentlichen Unterschiede zur Limousine: Zwei sehr breite Türen, die zwar einen hervorragenden Zugang zur Rückbank gestatteten, aber in engen Garagen kaum einen Öffnungswinkel zuließen und die Insassen zu akrobatischen Verrenkungen aufforderten. Ein gegenüber der Limousine 4,5 Zentimeter niedrigeres Coupédach mit schräger gestellter Windschutzscheibe und breiter C-Säule, dafür wurde auf die B-Säule verzichtet, und dank rahmenloser vorderer und voll versenkbarer hinterer Seitenscheibe ließ das Coupé nach bester amerikanischer Hardtop-Manier viel Frisch- und Zugluft ins Innere strömen. Die Platzverhältnisse auf den vorderen Sitzplätzen waren identisch zur Limousine, abgesehen von der geringeren Kopffreiheit, hinten ging es etwas enger zu. Wegen des verkürzten Daches wuchs das Kofferraumvolumen auf 500 Liter an. Geschmückt wurde das Dach von zwei längs verlaufenden Chromstreifen, vorgegeben vom Hardtop der Pagode und fortgeführt von jenem des R 107 – aber deren Hardtops waren abnehmbar.

Das ist die Umgebung, in welcher Daimler-Benz das Coupé positionierte: gehobenes Bürgertum, Tennisplatz. Das war lange vor Boris und Steffi, durch die Tennis zum Volkssport wurde.

Schaufenster des Westens: Kaum auf dem Markt, wurde das Coupé als Flaggschiff der Einsteiger-Baureihe auch dort gezeigt, wo man es eigentlich gar nicht kaufen konnte: In der Tschechoslowakei zum Beispiel, denn die gehörte zum Ostblock und lag hinter dem Eisernen Vorhang. Das hat die Genossen aber nicht gehindert, es in dichten Scharen zu umlagern. Daher musste der Messestand bei der Internationalen Industriemesse in Brünn, 7.–16.9.1969, auch per Kordel geschlossen werden.

Gespannfreunde bei der Autobahnrast auf dem gemeinsamen Weg gen Süden: Das Mercedes 280 CE Coupé zieht eine Meiwa Landyacht 530, der Audi 80 GL einen Tabbert. Aufnahme im Juni 1977. Im Hintergrund ein Mercedes O 302 Reisebus.

Ausnahmsweise durfte ein Coupé auch eine Anhängekupplung tragen. Nämlich dann, wenn es ein schickes Boot transportierte. Bodenseeszene mit in Lindau zugelassenem Coupé.

Die äußere Ausstattung entsprach dem Mercedes 250, wurde aber durch die bis zu den Radausschnitten verlängerte hintere Stoßstange ergänzt, die später die 280er-Limousinen ebenfalls schmücken sollte. Ein beliebtes Extra waren Fuchs-Leichtmetallfelgen mit breiteren Reifen. Auch innen waren die Coupés gegenüber dem viertürigen 250 aufgewertet, so mit Teppichboden und Liegesitzen mit Chrombeschlägen.

Im Oktober 1968 waren die ersten Vorserienexemplare fertig, Präsentation 19. November 1968, im Frühjahr 1969 lief die Serie an, Verkaufsstart April, zunächst der 250 C, im Frühsommer folgte der CE.

Parkplatznachbarn: Mercedes W 115 Coupé neben seinem Nachfolger der Baureihe W 123. Die Linienführung des Pavillons spricht eindeutig dieselbe Sprache. Chromstreifen auf dem Dach waren in der W-123-Ära allerdings out.

Spätes Coupé mit Winterreifen im Profil. Ein typischer Bracq eben ... Das Coupé verstand sich zwar als vollwertiger Viersitzer, bequem konnten hinten aber nur Menschen sitzen, die nach hinten zu klettern vermochten. Oma und Opa also nicht unbedingt.

Gegen Ende seines Lebenszyklus' wurde das Coupé gerne mit Alufelgen und in hellen Metallictönen geordert. Mit herabgelassenen Seitenscheiben kamen Frischluftfanatiker auf ihre Kosten. Der Durchzug konnte aber auch Ursache für einen rauen Hals sein.

Wer einen neuen Mercedes kaufte, erwarb einen Wagen mit einer durchschnittlichen Lebenserwartung von 11,6 Jahren. Statistisch gesehen wurde kein Mittelklasse-Wagen älter. Coupés dagegen, weil meist sorgsamer gepflegt und oft nur als Zweitwagen genutzt, vielleicht von der Dame des Besserverdieners, brachten es auf noch längere Laufzeiten. Allerdings gab es dazu keine Statistiken, denn dazu war ihre Stückzahl zu gering.

Der Mercedes 250 C wurde vom gleichen Reihensechszylinder wie die 250 Limousine angetrieben, im USA-Export mit dem 2,8-Liter-Motor aus dem 280 S mit 140 PS. Im Juni 1972 wurde dessen Leistung auf 130 PS reduziert, und der 250 C mutierte zum 280 C. Der 250 CE unterschied sich durch die elektronische Benzineinspritzung anstelle einer Gasfabrik. Die Bosch-D-Jetronic brachte ein Leistungsplus von 20 PS gegenüber dem Vergaser-250er und machte dank 150 munterer Pferdchen aus dem 1400-Kilo-Coupé einen richtig spritzigen Wagen. Parallel zur Limousine hielt der 2,8-Liter-Einspritzer mit zwei oben liegenden Nockenwellen Einzug ins Coupé, im 280 CE standen 160 PS zur Verfügung. Ebenfalls gleich der Limousine blieb der 250 C mit dem gedrosselten 2,8-Liter-Motor und einer Nockenwelle im Programm.

Das Coupé litt unter den Auswirkungen der Energiekrise, die Limousine hingegen kaum. Die Nachfrage ließ ab 1974 nach. Das lag aber auch daran, dass ein solches Individualautomobil meist besser gepflegt wurde als eine Viertürer-Limousine und länger in erster Hand verblieb. Denn die Idealvorstellung des Werkes ist, dass ein Käufer innerhalb einer Autogeneration zwei Neuwagen kauft: den ersten möglichst gleich zu Produktionsbeginn, den zweiten nach der Modellpflege, die ihm suggeriert, nicht zwei Mal hintereinander das gleiche Fahrzeug zu erwerben. Die Produktion des 250 C lief im Juni 1976 aus, diejenige des 280 CE im Juli, und der 280 C lebte bis August 1976. Insgesamt wurden 67.038 Coupés der Baureihe W 114 hergestellt. Erst im April des Folgejahres nahm Daimler-Benz die Produktion des Nachfolgers auf Basis des W 123 auf. Die Eigentümer des W 115 Coupés empfanden das als noble Geste. War es aber nicht. Es hatte ausschließlich produktionstechnische Gründe.

Das ist echt, das ist original, das ist schön: Coupé mit originalen Füchsen, direkt beim Mercedes-Händler bestellt. Erstausrüsterqualität.

Im Mittelpunkt der hier in Bielefeld im Rahmen eines Wettbewerbs so nett dekorierten Accessoires (Thema: »Reisen und Freizeit mit Mercedes-Benz«) stehen die Leichtmetall-Räder von Fuchs im Format 6J x 14, mit denen ab 1972, sofern vom Kunden gewünscht, die 280er-Achter vorrollten. Einen Blick wert ist aber auch das braune Kunstleder-Gepäck, denn Daimler-Benz bot einen solchen Satz auch für die Mercedes-Mittelklasse an. Hat nur so gut wie niemand bestellt und war schon damals extrem selten.

Feinstes Tafelsilber: Die Barock-Alus von Fuchs

Barock-Alus adeln jeden Mercedes. Sportlich sehen sie aus. Und wertvoll. Sind sie auch, sie waren und sind teuer. Denn sie stammen von Fuchs, geschmiedet, nicht gegossen.

Alufelgen waren noch in den 60ern ein reines Rennwagenattribut. Geringes Gewicht zur Verringerung der ungefederten Massen. Serienwagen trugen das nicht. Sie hatten allenfalls speziell gestylte Sportstahlfelgen ohne Radkappen. Der erste deutsche Serienwagen mit Leichtmetallfelgen war der Porsche 911 S ab Herbst 1966. Er trug »Füchse«, also Aluminiumfelgen der Otto Fuchs KG in Meinerzhagen. Nicht gegossen, sondern geschmiedet, also »geschmiedete Füchse«. Ungeteilt, nicht geschweißt, nicht genietet. In einem speziellen Verfahren wird aus einem Aluminium-Guss-Stutzen in genau definiertem Umfang und Länge mit Hilfe einer Form gebenden Presse ein Rohling geschmiedet und so lange bearbeitet, bis die fertige Felge entstanden ist. Nicht nur, dass eine geschmiedete Felge durch nochmals geringere Wandstärken leichter als eine gegossene ist. Es sind auch Formen möglich, die im Gussverfahren nicht realisiert hätten werden können.

Daimler-Benz wandte sich, wie Porsche, an Fuchs, und es entstand jene Felge, die in Mercedes-Enthusiastenkreisen und mittlerweile sogar im Volksmund »Barock-Felge« heißt. Ihr Debüt erlebte sie 1969 am Wankel-Experimental-Mercedes C 111.
Der erste Serien-Mercedes, der hoch genug positioniert wurde, um in den Adelsstand eines Alufelgenträgers gehoben zu werden, war der 300 SEL 6.3 ab August 1970. Nach und nach wurde sie in unterschiedlicher Größe aber in stets gleichem Design als Erstausrüstung optional für folgende Mercedes-Baureihen angeboten: W 108 / W 109, W 114 mit Motor M 110 ab April 1972 (nicht W 115), R 107 und C 107, W 116, W 123 und W 126. Im Mercedes-Serienprogramm verblieb die Fuchs-Felge bis 1985.

Das Design ist eigentlich gar nicht barock, sondern ganz im Gegenteil absolut minimalistisch und folgt der Funktion (»Form follows Function«). Es unterstützt technische Vorgaben, nicht stilistische, denn die Felge gewährleistet die so genannte Turboventilation, sie stabilisiert also durch ihre Luftlöcher die Temperatur der Bremsscheiben. Was damals noch nicht berücksichtigt wurde, ist die Aerodynamik des Rades. Die Barockfelge ist zerklüftet und hat keine gute Aerodynamik. Erst die nächste Alufelgengeneration von Daimler-Benz (auch mit Spitznamen versehen, die

Der Erste mit Barock-Alus: Mercedes 300 SEL 6.3 ab Ende 1969, ein Supersportwagen im Gewand einer Luxuslimousine. Ein einmaliger Klasse-Wagen.

Hier weiß man's nicht. Das können originale Füchse sein, müssen aber nicht. Dieser Mercedes 250, abgestellt auf einem Schrottplatz im französischen Avallon und dortselbst im August 2003 nach jahrelanger Standzeit fotografiert, trägt offenkundig Füchse. Das trug so mancher Strich-Achter, und manchmal waren es echte und manchmal waren es falsche Füchse.

Drei schwarze Mercedes hintereinander, und im Originalzustand ist keiner davon. Der Mittlere ist am weitestgehend modifiziert: Seine Radkappen sind »Klemm-Füchse« im Porsche-Design mit verchromten Felgenringen, also Zubehörartikel, dann trägt er noch einen Windabweiser für das Schiebedach, Radlaufchrom eines unidentifizierbaren Herstellers (denn es gab davon sehr viele), eine C-Säulen-Lüftungsattrappe zum Aufkleben (auch sehr stilvoll!), Talbot-Zusatzaußenspiegel, diverse Zusatzscheinwerfer und ein paar sportliche Aufkleber.

Plastik-Radkappen im Barock-Design auf einem endfertigen Strich-Achter, der Gesellschaft erhält von einem Chrysler 180, einem Opel Rekord D und einer Schubkarre, auf einem Schrottplatz im Stuttgarter Raum in den späten 1980er Jahren. Auf die Ottonormalhausfrau mögen diese Radkappen Eindruck gemacht haben. Aber auf sonst niemanden.

»Gullideckel« oder auch »Kanaldeckel«) mit glattflächiger Stilistik verfügen neben der Turboventilation auch über einen guten Luftwiderstandsbeiwert (eingeführt 1983 am 190 E 2.3-16, danach, wie die Barock-Alus, in unterschiedlicher Größe für alle Mercedes-Typen).

Es gibt originale Füchse und nachgemachte Füchse. Originale Füchse erkennt man auf den ersten Blick an einem kleinen Fuchskopf, der irgendwo zwischen den Speichen hervorschaut. Außerdem ist in ihnen auf der Innenseite eine Mercedes-Teilenummer eingeschlagen. Die Nabenabdeckungen waren anfangs aus Vollguss, später aus Plastik. Fuchs-Felgen sind immer geschmiedet. Dann gibt es noch die Pseudo-Füchse, gegossene Felgen im Stile der Fuchsfelgen, beispielsweise von ATS, Ronal, ARC, Atiwe,

Füchse auf anderen Klassikern

Natürlich gab es eine ganze Reihe weiterer Klassiker mit geschmiedeten Fuchs-Felgen. Diese Klassiker brachten sie teilweise serienmäßig mit, teilweise standen sie auch, natürlich aufpreispflichtig, im Zubehörkatalog. Solche Extras waren dann »OEM« (»Original Equipment Manufacturer«), also Extras, die direkt ab Werk bestellbar waren. Solche Teile wurden exklusiv für den Automobilhersteller produziert und waren nur über ihn, nicht aber via Zubehörhandel erhältlich.

Offiziell wurde er so nie ausgeliefert: Vorserienfahrzeug der Opel-Manta-Sonderserie Black Magic mit Fuchs-Felgen. Die Sonderserie trug tatsächlich Sportstahlfelgen, und die bereits bestellten Füchse montierte Opel später auf den Kadett C GT / E.

Centra, FOMB, Intra oder Melber. Sie sind schwerer, weniger widerstandsfähig, dafür preiswerter und durchaus für die jeweiligen Mercedes zugelassen. Die Sitze für die Radschrauben sind bei den Nachbauten meist direkt in das Aluminium gedreht, manche haben aber auch, wie die Füchse, Stahleinsätze. Eine gegossene Zubehörfelge wiegt rund 800 Gramm mehr als eine originale, geschmiedete Fuchsfelge. Und der Gewichtsunterschied zwischen einer Stahlfelge und einem original Fuchs beträgt rund fünf Kilo (pro Rad!). Lackiert sind Fuchs-Barock-Felgen, die ausschließlich direkt über Daimler-Benz ausgeliefert wurden, in Silbermetallic RAL 9700, eine Zweischicht-Metalliclackierung. Im Reparaturfall lackierte sie Daimler-Benz in etwas dunklerem Astralsilbermetallic 735. Warum? Den Farbton, den Fuchs exklusiv verwendete, gab es nicht als offizielle Autolackfarbe, weswegen sie auch kein Lackierer im Farbcomputer hatte.

Die Fuchs-Barock-Alus waren schon immer schön und teuer. Nicht jeder konnte oder wollte sie sich leisten. Findige Zubehörhersteller fertigten Plastik-Radzierkappen im Barock-Alu-Design. Eine ziemlich ausgefuchste Idee! Das sah zwar ziemlich lächerlich aus, diese Pseudo-Füchse auf Serien-Stahlfelgen, aber so manchen Mercedes-Fahrer machte dies stolz. Und nicht nur ihn. Was einen Mercedes schmückt, so dachten einige, schmückt auch automobiles Gewürm und kauften sich Pseudo-Füchse aus Plastik für allerlei andere Autos. Da sah es nicht mehr nur lächerlich aus. Da war es richtiggehend peinlich.

Fuchs-Felgen gab es ab Werk für

Porsche 911 (ab Herbst 1966 auf dem 911 S), Porsche 944, VW / Porsche 914 (szeneintern als »Baby-Fuchs-Felge« bezeichnet), Audi Ur-Quattro, NSU Ro 80 / VW K 70, BMW 745i E23 und M5 E28, BMW M635 CSi sowie 740i und 750i E32, BMW 850 CSi sowie Opel Kadett C GT / E (ursprünglich gefertigt für die Sonderserie Opel Manta A »Black Magic«).

Der Klassiker schlechthin, die fuchsigste aller Fuchs-Felgen, auf dem Porsche 911 S ab Modelljahr 1967. Der Beginn einer bis heute andauernden Erfolgsstory.

So manche Innovation vereinigt der NSU Ro 80 in sich, vom Wankelmotor über die Halbautomatic und die Keilform bis hin zur Fuchs-Alufelge – wobei sich hier das Design eindeutig an der Porsche-Felge orientiert.

Kapitel Acht

Von Kilometer-Millionären und Trennscheiben: Hallo Taxi!

Der Mercedes als Taxi – eine lange zurückreichende Geschichte. Zunächst war der Mercedes ein Taxi wie andere auch. Nachdem Daimler-Benz 1936 einen Dieselmotor im Personenwagen anbot, wurde der Mercedes zum Taxi schlechthin. Jede Generation, in der Nachkriegszeit vom Ponton-Mercedes bis zur aktuellen E-Klasse, ist nicht nur das deutsche Taxi ohne Wenn und Aber, sondern auch international sehr weit verbreitet.

Das gilt selbstverständlich auch für den Strich-Achter, der ab dem Tag seines Erscheinens die Taxi-Standplätze eroberte und als aktueller Mercedes bis zum Produktionsauslauf von Taxlern neu gekauft wurde. Zwar haben Taxis aufgrund ihrer Laufleistung und ihres Innenraumverschleißes eine eher kurze Halbwertszeit. Dennoch hielten sich die Strich-Achter als deutsche Taxis, zumeist in Händen privater Taxiunternehmer mit nur einem Fahrzeug, bis weit in die 1980er Jahre hinein. Und dann wurden sie weiterverkauft, in alle Ecken der Welt, vorzüglich nach Nordafrika und in den Nahen Osten. Dort dienten sie weiter, unter ungleich schwe-

Blick ins Innere eines frühen Strich-Acht-Taxis mit Trennscheibe. Pflicht war sie nur im Jahre 1968. Sinn mag sie natürlich auch danach noch ergeben haben.

Im Jahr seines Amtsantritts galt die Trennscheibenverordnung, und so gab es den Strich-Achter natürlich mit Panzerglas zwischen Fahrer und Fahrgast. Groß gewachsene Chauffeure konnten den Fahrersitz nicht mehr weit genug nach hinten schieben. Und die Fahrgäste hatten nur eingeschränkten Fußraum.

rerен Bedingungen als in ihrem ersten Leben in Westdeutschland, und erzielten exorbitante Laufleistungen. Genau das gleiche gilt für seinen Nachfolger W 123 und dessen Nachfolger W 124. Für die danach folgenden Fahrzeuge gilt es nur noch (sehr) eingeschränkt, denn das sind zunehmend rollende Computer, die in den klassischen Letztverwertungsländern für Mercedes-Taxis nicht mehr so einfach am Leben erhalten werden können.

Das Taxigewerbe war übrigens daran schuld, dass der Strich-Achter ein ganzes Jahr lang bis Dezember 1976 parallel zum Nachfolger W 123 gebaut wurde. Die Baureihe war so erfolgreich, dass Daimler-Benz nicht nur die Vorstellung des Nachfolgers bewusst nach hinten verschob. Der neue Wagen war auch so sehr begehrt, dass es in den ersten Jahren mehrjährige Lieferfristen gab. Das war für das Taxigewerbe, das in der Regel häufig und kurzfristig neue Fahrzeuge benötigt, nicht hinnehmbar. So entschloss sich Daimler-Benz, für Pragmatiker, und dazu zählten vor allem Taxifahrer, die Produktion des W 114 / W 115 aufrecht zu erhalten. Wer keinen Wert auf das Renommee der Neuheit legte, war im letzten Herstellungsjahr 1976 ein dankbarer Abnehmer für die ausgereiften Strich-Achter.

Der Mercedes ist auch deshalb als Taxi so beliebt, weil sich Daimler-Benz um die Droschkenfahrer als Kunden besonders bemüht. Das geht schon damit los, dass es stets einen eigenen Taxi-Verkaufsprospekt gibt. Das Wichtigste ist allerdings der 24-Stunden-Service der Mercedes-Niederlassungen und -händler, für Profifahrer äußerst wichtig. Es mag schon nett gewesen sein, als Taxler einen Individualwagen zu bewegen. Aber das originelle Moment wird spätestens dann konterkariert, wenn der Fahrer auf ein lebensnot-

Die Verordnung war Folge mehrerer Morde an Taxifahrern, doch Daimler-Benz bot schon seit der IAA 1961 einen solchen Schutz für seine Taxis an. Doch nur die wenigsten Taxler entschieden sich für ihn. Die Familie, die hier vom ZOB kommend am Funkturm den Strich-Acht besteigt, hat sicher keine bösen Absichten. Sie kommt aus dem Urlaub, und ebenso allgegenwärtig wie die Mercedes-Taxis scheinen braune Kunstlederkoffer gewesen zu sein.

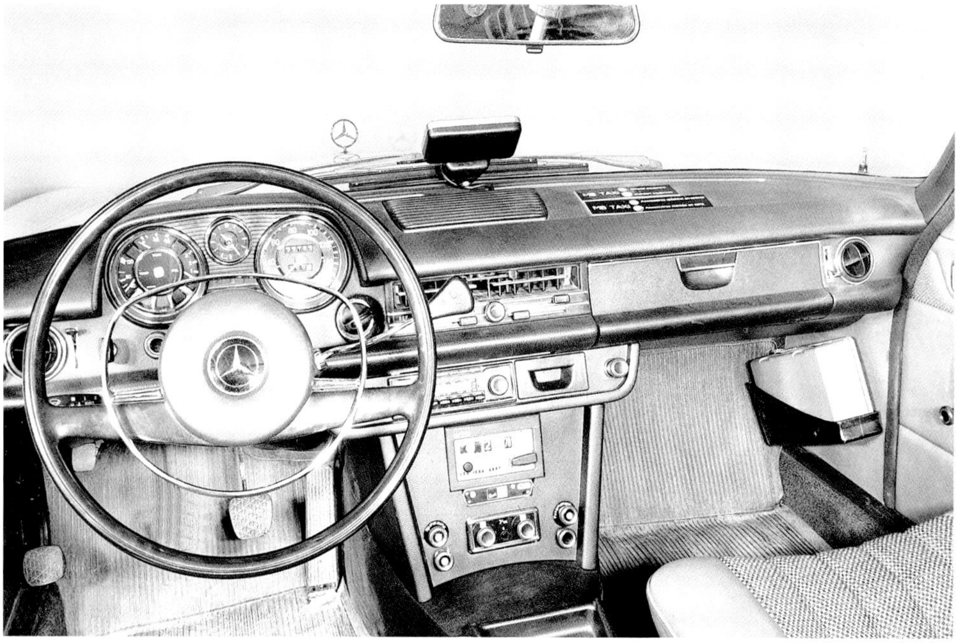

Arbeitsplatz: Armaturenbrett mit spezieller Taxikonsole mit Platz für Taxameter und Funkgerät. Daimler-Benz bot auch an, den Taxameter versenkt im Handschuhfach einzubauen. Das mittig auf dem Armaturenbrett eingebaute Gerät ist eine Anzeige, in der beleuchtet »Taxe frei« in weißer Schrift auf rotem Grund steht. Aufnahme von 1968.

Werksfoto eines ganz frühen Strich-Acht-Taxis, noch schwarz, Modell 1968.

wendiges Ersatzteil tagelang warten muss und sein Wagen in dieser Zeit kein Geld verdient. Das passierte mit einem Strich-Achter nicht und passiert auch heute mit keinem Mercedes. Außerdem sagt man, dass Daimler-Benz für seine Vormachtstellung im Taxi-Gewerbe viel getan habe und noch tue. So gebe es etliche Sonderkonditionen für Taxifahrer, und für das aufwändige Taxi-Paket werde in der Regel nicht der volle Listenpreis berechnet. In fast jeder Niederlassung gibt es einen Taxi-Beauftragten, quasi ein Lobbyist für den Berufsstand. Zu Strich-Achter-Zeiten galt deswegen ein Mercedes-Taxi in der Branche als »preiswertes Auto«.

Daimler-Benz bot jeden Strich-Acht als Taxi an, Diesel und Benziner, Vier- und Sechszylinder, obendrein die Langlimousine mit den jeweils lieferbaren Motoren. Die Taxifahrer wählten mehrheitlich nicht etwa den 200 Diesel, sondern zunächst den 220 Diesel, nach dem Facelift den 240 Diesel. Ob Schalter oder Automatik, war eine Frage der persönlichen Vorliebe des Käufers. Werksseitig bei Taxlern beliebte Extras waren Servolenkung, Schiebedach und natürlich die abwaschbare MB-Tex-Polsterung. Weißwandreifen und ein passender Koffersatz dürften wohl die unnötigsten Extras für ein Mercedes Taxi gewesen sein, gab es aber auch.

Das gehört zur Kategorie Unfälle, bei denen keiner weiß, wie so etwas passieren konnte: Hat sich urplötzlich in der Amsterdamer Utrechtsestraat ein Loch aufgetan, in das der Taxler zwangläufig fallen musste, war die Baustelle ungenügend abgesichert oder hat der Taxler schlichtweg geschlafen? Oder aber hat er einen Schubs bekommen, vielleicht sogar vom langen Strich-Achter, der gerade noch im Hintergrund zu erkennen ist? So oder so: Das ist dumm gelaufen, saudumm sogar. (Foto: Anefo, CC0)

Drei schwedische Mercedes-Taxis am Taxistand vor dem Flughafen Stockholm-Arlanda. Der einzige Patriot steht ganz vorne in der Reihe, ein Volvo 144.

Für Westdeutschland bot Daimler-Benz den Wagen in den Standard-Taxifarben Schwarz und ab Februar 1971 Hellelfenbein an. Im Ausland waren Taxis anders lackiert, und auch hier konnte Daimler-Benz die notwendige Farbe, teilweise auch Zweifarbenlackierungen, ab Werk liefern. Was ein Taxi an notwendiger Sonderausstattung benötigt, berücksichtigte Daimler-Benz bereits konstruktionsseitig, wodurch sämtliche Zusatzausstattungen harmonisch integriert werden konnten und nicht nachträglich aufgepflanzt aussahen. Überdies reduzierte dies die Einbaukosten. Im Wesentlichen bestand das Taxi-Paket aus folgenden Komponenten: Zusatz-Instrumentenkonsole mit Platz für die gängigen Taxameter und Funkgeräte, sämtliche dafür und für das Dachschild notwendige Elektrik sowie Entstörung, abschließbare Türtasche an der Fahrer-Innenverkleidung, Haltegriffe und große Aschenbecher hinten, Zusatz-Innenbeleuchtung, Gummimatten anstatt Teppichboden, verstärkte Vordersitze, rechter Außenspiegel, stärkere Batterie. Dazu gab es taxispezifische Extras (die man natürlich auch für Privatwagen bekam) wie stärkere Lichtmaschine, Tandem-Innenrückspiegel, gerade Fondlehne ohne Armlehne, Automatikgurte, elektrische Fensterheber, Sitzheizung und Taxi-Alarm.

Österreichische Taxis tragen keine Unifarbe. Aber sie orientieren sich zumeist an den deutschen Taxifarben. Drei Strich-Achter hintereinander am Taxistand in Villach/Kärnten, zwei in Hellelfenbein, das hintere dunkel lackiert. Aufnahme 1977, als der Hauptplatz noch keine Fußgängerzone war und die Dreifaltigkeits-Säule von Autos umfahren wurde.

Das normalste und unauffälligste Taxi der 1970er Jahre war der übliche Strich-Achter, und alle waren gleich lackiert.

Im ersten Strich-Achter-Taxiprospekt nennt Daimler-Benz beeindruckende Zahlen über die damals aktuell eingesetzten Mercedes-Taxis in einzelnen Städten: Lissabon 1600, Wien 1400, Hongkong 950, Beirut 1500, Buenos Aires 2600, Teheran 2950, Kopenhagen 2550 und Montevideo 1300 Mercedes-Taxis. Über Bestände in bundesrepublikanischen Städten schweigt sich die Marketing-Abteilung bemerkenswerterweise aus. Der 1973er Taxi-Prospekt spricht allerdings von 68 Prozent Mercedes unter den westdeutschen Taxis – Stand Ende 1971, und diese Zahl verlor die kommenden 30 Jahre ihre Gültigkeit nicht. Seitdem ging der Mercedes-Anteil an Mercedes-Taxis leicht auf rund 60 Prozent zurück. Stärker zurück ging allerdings der Anteil des klassischen Mercedes-Taxis, der E-Klasse. Etliche Taxler setzen zwar weiterhin auf den Stern, gönnen ihren Fahrgästen aber nur noch eine C- oder gar B-Klasse.

Das typische Taxi war ein Strich-Acht-Diesel. Der Kofferraum fasste laut Messungen einer schwäbischen Autozeitschrift 440 Liter Gepäck, was ungefähr dem entsprach, was auch ein Ford P5 wegpacken konnte.

Die Mercedes-Benz-Niederlassung in Westberlin unterhielt in Berlin-Charlottenburg, Gutenbergstraße, eine Werkstatt ausschließlich zur Reparatur und Wartung von Taxen und Transportern. Und die hatte gut zu tun.

Als der Strich-Acht 1976 auslief, konnte Daimler-Benz auf eine 40-jährige Diesel-Geschichte im Personenwagen zurückblicken, und seitdem strahlt der Mercedes-Stern am Taxihimmel. Der erste Mercedes-Diesel-Pkw, der Typ 260 D, erschien 1936. Dieselöl kostete mit 17 Pfennigen damals ungefähr die Hälfte von Benzin, ein unschlagbares Argument! In dieser Zeit ging es mit der allgemeinen wirtschaftlichen Lage bergauf, nicht unbedingt aber für die Taxler: Immer mehr Straßenbahnen und Busse sowie die ansteigende Zahl an Privatwagen sorgten dafür, dass sie sich von ihrem tiefen Loch während der Zeit der Weltwirtschaftskrise kaum erholen konnten. Neben dem 260 D bot Daimler-Benz serienmäßige Mercedes 170 V mit Taxiausstattung ab 3750 Reichsmark an. Das war damals für einen Droschkeneigner ein Halbjahresumsatz.

Nach Kriegsende verfügten nurmehr wenige Kraftdroschker über eigene Fahrzeuge, die zudem intakt waren. Mercedes-Diesel hatten oftmals überlebt, denn sie wurden von der Wehrmacht nicht requiriert. Probleme hatten die Taxler mit Ersatzteilen, Batteriebeschaffung, Neukonzessionierung, Entnazifizierung, neuen Kennzeichen, Fahrerlaubnis, und vor allem mit dem »zonenübergreifenden Verkehr«. Die Besatzer erlaubten nämlich keine Fahrten über die vier Besatzungszonen hinaus. Man benötigte eine extra Konzession, um ein ET-Taxi betreiben zu dürfen. »ET« stand für »Export-Taxi«, und nur dessen Betreiber durfte Militärpersonen und Angehörige der Besatzungsmacht über die Grenzen der vier Besatzungszonen hinweg befördern. Zudem nahmen Übergriffe auf Taxifahrer zu, vor allem Besatzungssoldaten stritten sich regelmäßig mit den Taxlern über Fahrpreise und wurden zuweilen auch handgreiflich.

Anfang der 1950er Jahre ging es zusehends aufwärts. Taxifahrer konnten sich langsam wieder neue Wagen kaufen. Aber das Angebot war klein. Es standen im erschwinglichen Preissegment nämlich nur fünfsitzige Fahrzeuge zur Verfügung, einen Mercedes 220 oder 300 konnten sich Privatfahrer nicht leisten. So erwarben die Chauffeure Ende der 1940er und Anfang der 1950er Jahre Exoten, die für sechs Personen zugelassen waren, beliebt war der britische Standard Vanguard. Ab 1953 galt die Sechssitzer-Regelung nicht mehr, auch Fünfsitzer waren als Taxis zugelassen (mussten aber stets viertürig sein), und der Siegeszug des Ponton-Mercedes begann. Im gleichen Jahr gab es in München erste Funk-Taxis, äußerlich gekennzeichnet durch ein Schild »Funk-Taxi« und einen kleinen roten Blitz. Die Möglichkeit, dass Fahrer und Zentrale sich auf Ultrakurzwelle unterhalten konnten, hatte es bis dato nur in Zürich gegeben. 1960 waren fast alle Taxis deutschlandweit an das Funknetz angeschlossen.

Die VW-Busse hatten weiße Dächer und –Stoßstangen, sie liefen zunächst in Frankfurt/Main, Stuttgart, Essen, Dortmund und Bremen.

VW hatte sich vorgenommen, mit seinem Großraumtaxi einen Marktanteil von rund 10 % zu erreichen. Der Versuch aber scheiterte, wie auch alle Versuche zuvor: Taxi-Fahrer waren Mercedes-Fans.

Stuttgarter Straßenszene direkt am Hauptbahnhof mit gemopftem Strich-Achter und alter GT4-Straßenbahn von der Maschinenfabrik Esslingen. Als die Stuttgarter sie nicht mehr benötigten, durften sie in Ulm weiter dienen. Von der Residenz in die Provinz. Und die Ulmer verkauften sie dann nach Rumänien weiter.

Taxi am Rhein mit seltsamem Verkehrsschild. Im Binger Loch am Rhein warnt es vor Stromschnellen im Fluss. Offenbar konnten auch Autos darin kentern.

Seit 2004 Bestandteil des Mercedes-Museums: Mit seinem 1976er 240 D fuhr der griechische Taxifahrer Gregorios Sachinidis sagenhafte 4,6 Millionen Kilometer, also 12 Mal zum Mond und zurück oder 115 Mal rund um die Erde. Das Foto zeigt Auto und Chauffeur noch im aktiven Dienst in Saloniki.

In den 1960ern hatten die behäbigen schwarzen Mercedes-Diesel kurzfristig eine bittere Konkurrenz: Kleine Renault 4 flitzten durch die Städte und machten den Taxlern das Leben schwer. Damals gab es die Mini-Cars, die den Taxitarif beträchtlich unterboten. Die Fahrer hatten keinen Personenbeförderungsschein, oft auch keinen guten Leumund. Die Mini-Car-Fahrer durften ihre Passagiere weder auf der Straße noch an festen Plätzen aufsammeln. Kunden mussten telefonisch bestellen, und ein R4 fuhr vor. Viele Kunden verzichteten lieber auf die MB-Tex-Stoffe und nahmen auf dünn gepolsterten Renault-Sitzen Platz. Mindestens ein Drittel des Fahrpreises konnte so gespart werden. Aber die Taxizunft obsiegte. Die Mini-Cars konnten sich nicht etablieren, vor allem wegen mangelnder Ortskenntnisse und fehlender Fahrpraxis der nicht professionellen Chauffeure. Schließlich war das Aus der Mini-Cars, als der Bundesverband des Deutschen Personenverkehrsgewerbes durchsetzen konnte, dass alle Fahrer einen Personenbeförderungsschein benötigten (die sogenannte »P-Schein-Verordnung«, in Kraft getreten im Oktober 1971).

Er trennte sich vom Mercedes nicht, weil dieser etwa kaputt gewesen wäre. Sondern weil Griechenland im Vorfeld der Olympischen Sommerspiele 2004 alte Taxis verbot. Sachinidis wollte seinen Kilometermillionär dem Mercedes-Museum schenken. Aber Daimler ließ sich nicht lumpen und gab dem Griechen dafür einen fabrikneuen C 200 CDI.

Ebenfalls ein heißes Thema in jener Zeit, als die Strich-Achter im Einsatz waren, war die »Trennwandverordnung«: Ab Januar 1968, also parallel zur Markteinführung des Strich-Achters, benötigten Taxis eine kugelsichere Trennwand zwischen Vordersitzen und Fahrgastraum sowie eine Alarmanlage. Die Trennwandverordnung war die Folge mehrerer Morde an Taxifahrern und sollte die Chauffeure eigentlich schützen. Doch die Mehrheit der rund 53.000 westdeutschen Droschkenkutscher lehnten sie ab, denn mit Ausnahme der gesteigerten Sicherheit brachte sie nur Nachteile mit sich: eingeschränkter Bewegungsfreiraum, keine durchgängige Belüftung, leidende Kommunikation zwischen (geschwätzigem) Taxifahrer und Fahrgast, Kopfverletzungen der Fahrgäste bei Vollbremsungen (damals keine Gurtpflicht), teurer Einbau. Immerhin kostete ein solches Taxipaket 700 Mark zusätzlich, verschlechterte aber den Wiederverkaufswert. Ein Jahr später wurde die Verordnung nach massiven Taxlerprotesten wieder aufgehoben. Das gleiche Schicksal hatte ein weiteres Gesetz, das Sprechverbot von 1975, das mitteilungsbedürftigen Fahrern ein Bußgeld auferlegte. Auch diese Verordnung hatte nur ein Jahr lang Gültigkeit.

Als der Strich-Achter zum Taxi wurde, waren Taxis einheitlich Schwarz. Ab Dezember 1970 war bei Neuzulassungen der Farbton Hellelfenbein RAL 1015 vorgeschrieben. Die meisten Bestandstaxis wurden umlackiert, doch dazu gab es keine Verpflichtung. Mancher Privatchauffeur, der einen alten Wagen fuhr, war noch bis September 1980 stolz auf sein schwarzes Taxi. Spätestens dann musste er es ersetzen oder umlackieren. Zu Zeiten der schwarzen Taxis gab es farbliche Ausnahmen, was heute kaum mehr bekannt ist Die »BOKraft« (= »Verordnung über den Betrieb von Kraftfahrunternehmen im Personenverkehr«) sah zwar Schwarz als Taxifarbe vor, machte aber Ausnahmen für Orte unter 50.000 Einwohnern, wo manche Taxis als Teilzeittaxis liefen. Dort durften sie andersfarben lackiert sein.

Zu Zeiten des Strich-Achters gab es auf dem bundesrepublikanischen Markt nur zwei namhafte Konkurrenten mit Dieselmotor für den Mercedes: den Opel Rekord D und den Peugeot 504. Beide mögen gute Autos gewesen sein, aber sie machten dem Mercedes nicht den Platz am Taxistand streitig. Denn weder Opel noch Peugeot vermochte den Taxlern jenen Service bieten, den Daimler-Benz garantierte.

Voetverwarming achterin onder console van tussenbank; rubber vloermatten i.p.v. tapijt.

Inklapbare gedeelde tussenbank tussen voorstoelen en achterbank.

Van tussenbank twee zitplaatsen ingeklapt. Een zitplaats is uitgeklapt.

Gehele tussenbank uitgeklapt; er zijn nu 3 ruime zitplaatsen.

Auszug aus einem 1974er Taxiprospekt für die Niederlande: Die Klappsitze machen aus dem Fünfsitzer bei Bedarf einen Siebensitzer.

In Westdeutschland nahezu nicht verbreitet war der lange Mercedes als Taxi. Durch seine Außenlänge war er einfach zu unpraktisch, und er rechnete sich nur ab einer gewissen Fahrgastanzahl, die im Normalbetrieb kaum erreicht wurde.

Stimmungsvolle Aufnahme aus dem Nahen Osten: Palästinensische Taxis, lange Mercedes der Baureihen W 115 und W 123.

Kapitel Neun

Der Strich-Achter als Innovationsträger

Der Strich-Achter war ein absolut modern konstruierter Wagen. Als er 1968 erschien, war er auf dem neuesten Stand der Technik, doch die entwickelt sich im Detail schneller, als Daimler-Benz eine neue Fahrzeuggeneration auf den Markt bringen kann. So ist jede Baureihe Versuchsträger für Innovationen ihres Nachfolgers, bei Daimler-Benz wie bei jedem anderen Autohersteller. In irgendein Auto müssen die Ingenieure ja ihre Neuerungen einbauen, um sie zu testen. Nie war ein W 114 oder W 115 mit Antiblockiersystem zu haben, erst sein Nachfolger W 123 hatte ABS. Aber im Strich-Achter testete Daimler-Benz diese Innovation im frühen Stadium. Und so manch andere technische Neuerung oder Erfindung, die später eine sicherheitsrelevante Selbstverständlichkeit sein sollte, die das Fahren sicherer oder besser oder schöner machte. Und nicht nur Daimler-Benz selbst. Auch externe Zulieferer wie der Reifenhersteller Continental griffen auf den W 115 zurück, um eine Bahn brechende Konstruktion zu verwirklichen: Das Auto ohne Fahrer.

Von Geisterhand gesteuert

Autonomes Fahren ist aus heutiger Sicht das automobile Zukunftsprojekt schlechthin. Doch das war es schon vor 50 Jahren. Der Reifenhersteller Continental ließ 1968 einen Mercedes Strich-Achter »autonom« fahren. Schon damals überlegten sich visionäre Ingenieure, was ein halbes Jahrhundert später als Zukunftsperspektive für die automobile Welt gilt: Das Auto, das den Fahrer fährt. Heute sind Bordcomputer, Satellitennavigation und Fahrerassistenzsysteme Stand der Technik, das Internet kann Autos miteinander verbinden, und diese nahtlose, automatisierte Mobilität kann und soll Unfälle verhindern.

So weit war man vor 50 Jahren aber noch nicht – andere Zielsetzungen, andere Vorgaben, andere Technik, andere Umsetzung. Dennoch gibt es Parallelen.

Der Hannoveraner Reifenhersteller Continental unterhält seit 1967 in Jeversen, rund 40 Kilometer von Hannover entfernt, eine Reifenteststrecke, anfangs bestehend aus einem 2,8 Kilometer langen Hochgeschwindigkeitsoval sowie dem Nasshandlingkurs und der Trockenhandlingstrecke. Damals machten sich Continental-Ingenieure Gedanken darüber, wie sie die Reifenerprobung effektiver gestalten könnten, weil die Industrie innerhalb immer kürzerer Fristen neue Reifenentwicklungen an Neuwagen anzupassen hatte. Nach den Labortests und den Tests auf Prüfständen erfolgten praktische Fahrversuche, im Falle Continental auf dem Contidrom. In den Testautos saßen Menschen, mit all ihren menschlichen Stärken und Schwächen. Zu letzteren gehören schlichtweg Ungenauigkeiten, die auf die Präzision der Ergebnisse negative Auswirkungen haben. Geprüft wurden die Reifen auf Fahrstabilität, Abrollkomfort, Haltbarkeit, Rollwiderstand, Laufruhe – was eben wichtig ist für einen gut zum Fahrzeug passenden Reifen. Brems- und Lenkvorgänge, so die Idee der Continental-Ingenieure, könnten von einem automatisierten Testfahrzeug viel präziser durchgeführt werden als von einem von Menschenhand gesteuerten Wagen. So entstand 1967/68 die Idee des autonom fahrenden Testfahrzeugs. Dazu wurde ein Mercedes 250 Automatik umgebaut. Der »ferngesteuerte« Mercedes war eine konstruktive Herausforderung, denn so etwas gab es bis dato noch nicht, außer in James-Bond-Filmen. Autonom im heutigen Sinne fuhr der Strich-Achter nicht. Eher vergleichbar ist seine Fortbewegungsart mit einer Slot-Rennbahn. Slot Racer beziehen ihren Strom aus Gleitschienen in der Rennstrecke, die sie obendrein auf Kurs halten. »Gas gegeben« wird mit einem

Der Mercedes 250 Automatik in voller Fahrt auf dem Contidrom – ohne Fahrer, wie von Geisterhand gesteuert.

Nicht serienmäßig: Elektro-mechanische Steuerung (1), automatische Steuer- und Wahleinheit (2), Funkeinrichtung zur Übertragung der Testdaten (3).

Ungewöhnlicher Anblick: Die Perspektive aus der Sicht des hinten Sitzenden. Eigentlich blickt er auf den Hinterkopf des Fahrers. Aber da ist keiner.

Vollgepfropft mit Elektronik auf dem Stand von vor 50 Jahren ist der Kofferraum. Hinten unter der Hutablage die elektro-pneumatische Bremsanlage, der vordere Kasten beinhaltet die Steuerelektronik.

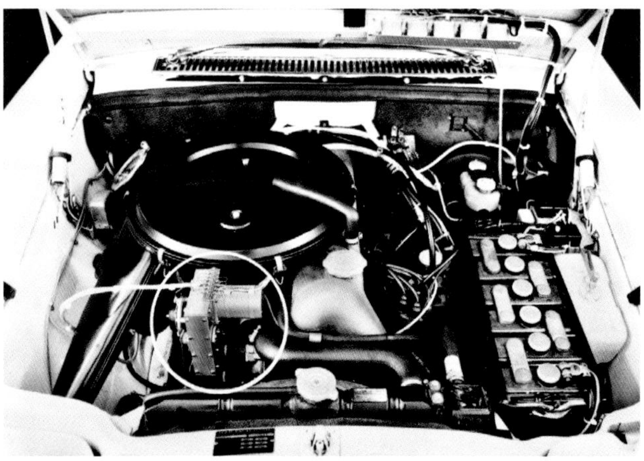

Unter der Motorhaube des Mercedes 250 sind nahezu keine Veränderungen erkennbar, allenfalls die elektro-mechanische Beschleunigungseinrichtung (durch den weißen Kreis hervorgehoben) ist erwähnenswert.

Handregler – das Prinzip ist bekannt von der Carrera-Bahn, die Ende der 1960er Jahre populär wurde. Natürlich war der Continental-Mercedes aufwändiger als ein Rennauto für die Carrera-Bahn. Aber er funktionierte so ähnlich. Und er ging am 11. September 1968 an den Start: ein 250er Mercedes fuhr ohne Fahrer über das Contidrom-Oval, konnte lenken und beschleunigen und bremsen und baute dabei keinen Unfall – und das begleitet von einer staunenden Öffentlichkeit. Die Lokalpresse sprach vom »Geisterfahrer in der Steilkurve«, selbst das Fernsehen war vor Ort.

Die Systeme für das fahrerlose Auto wurden im Auftrag des Reifenherstellers von Siemens, Westinghouse und den Forschern der Technischen Universitäten München und Darmstadt entwickelt. Auf dem Fahrbahnbelag wurde ein Leitdraht verlegt, ähnlich den Stromschienen der Carrera-Bahn, der dem Mercedes die Orientierung erlaubte. Unter dem Asphalt war eine Hochgeschwindigkeitskamera situiert, die mit 10.000 Bildern pro Sekunde die Reifenverformungen dokumentierte. Die Kamera bewegte sich mit gleicher Geschwindigkeit wie der Wagen und lief in einer im Asphalt verlegten, eigenen Bahn, nach oben mit einer Glasplatte geschlossen. Mit Hilfe von Sensoren im Mercedes erkannte die Elektronik, ob der Wagen auf Spur war, und die Elektronik lenkte entsprechend nach. Am Auto waren Messspulen angebracht, die ein konzentrisches Magnetfeld erkannten, welches von dem auf der Fahrbahn befestigten Leitdraht ausging (also doch nicht wie die Carrera-Bahn, denn der Mercedes war nicht direkt mit der Leitschiene verbunden). Die elektrischen Impulse wurden mit hochfrequentem Wechselstrom erzeugt, um störende Einflüsse zu minimieren. Im Auto selbst befand sich absolute Spitzentechnik – auf damaligem Stand: eine elektro-mechanische Lenkung, eine elektro-mechanische Gasregulierung, eine elektro-pneumatische Bremseinrichtung und die Funkeinrichtung für Messwert-Rückmeldungen. An den Stoßstangen verbauten die Continental-Ingenieure diverse Antennen, der Kofferraum war voll mit Steuerelektronik. Was damals den Kofferraum füllte, würde heute wahrscheinlich in ein Smartphone passen. Die Messtechnik steckte in den Kinderschuhen.

Solange sich der Wagen auf dem Contidrom »in seiner Spur« befand, war alles klar. Schwierigkeiten tauchten auf, wenn externe Störungen in Form von Seitenwind oder Querbeschleunigungskräften auftraten. Es war (damals!) schwierig zu programmieren, dass der Mercedes auf diese Spannungsdifferenzen richtig reagierte. Die normalen Funktionen des menschlichen Fahrens, also hauptsächlich das Beschleunigen und Bremsen (nicht das Schalten, Continental wählte aus gutem Grund einen Automatikwagen) wurden per Fernbedienung ausgeführt, sowohl durch vorige Programmierung als auch durch plötzlichen und individuellen Einfluss via Steuerkonsole des Zentralrechners im Leitstand.

Das heißt, der Continental-Mercedes hat mit den heutigen Prämissen des autonomen Fahrens eigentlich nichts zu tun – außer, dass kein Fahrer hinterm Steuer sitzt. Er ist, grob gesagt, eine Mischung aus Slot-Racing- und Funk-Technik, aber Slotracer und RC-Cars sind eben Spielzeugmodelle und beim Conti-Mercedes handelt es sich um ein Automobil im Maßstab 1:1, ein »richtiges Auto«. Gleichsam war er für die Continental-Ingenieure schon eine Art Spielzeug. Nicht, wenn sie alleine waren. Dann wurde ernsthafte Arbeit geleistet. Aber wenn Gäste auf das Contidrom kamen und sie den »Fernlenk-Mercedes« präsentierten, dann wirkte das auf die Besucher schon sehr beeindruckend und außergewöhnlich. Die Gäste durften auf der Rücksitzbank teilnehmen, ein Continental-Ingenieur saß auf dem Beifahrersitz. Der Fahrersitz war leer, und der Mercedes rauschte mit Tempo 100 durch die Steilkurven. Und wenn doch etwas schief ging, wenn der Mercedes den Kontakt zu seinem Leitdraht verlor oder die Stahlstruktur der Betonfahrbahn das Magnetfeld leicht ablenkte? Dann hörte man am Leitstand das Quietschen der Reifen, denn in diesem Fall blieb der Wagen sofort mit einer automatischen Notbremsung stehen.

Letztlich aber waren automatisierte Fahrzeugtests für die Reifenentwicklung damals noch nicht voll erreichbar. Aber der ferngelenkte Conti-Mercedes war ein spektakulärer Schritt auf dem Weg dorthin. Bis 1974 wurde der Mercedes 250 auf dem Contidrom eingesetzt, sein weiteres Schicksal ist unbekannt. Optisch sah er, mit Ausnahme eines »go-faster-Streifens« an den Flanken oberhalb der Seitenzierleisten, völlig serienmäßig aus – abgesehen von Querstreben unter der vorderen und hinteren Stoßstange, auf denen Sensoren und Antennen befestigt waren.

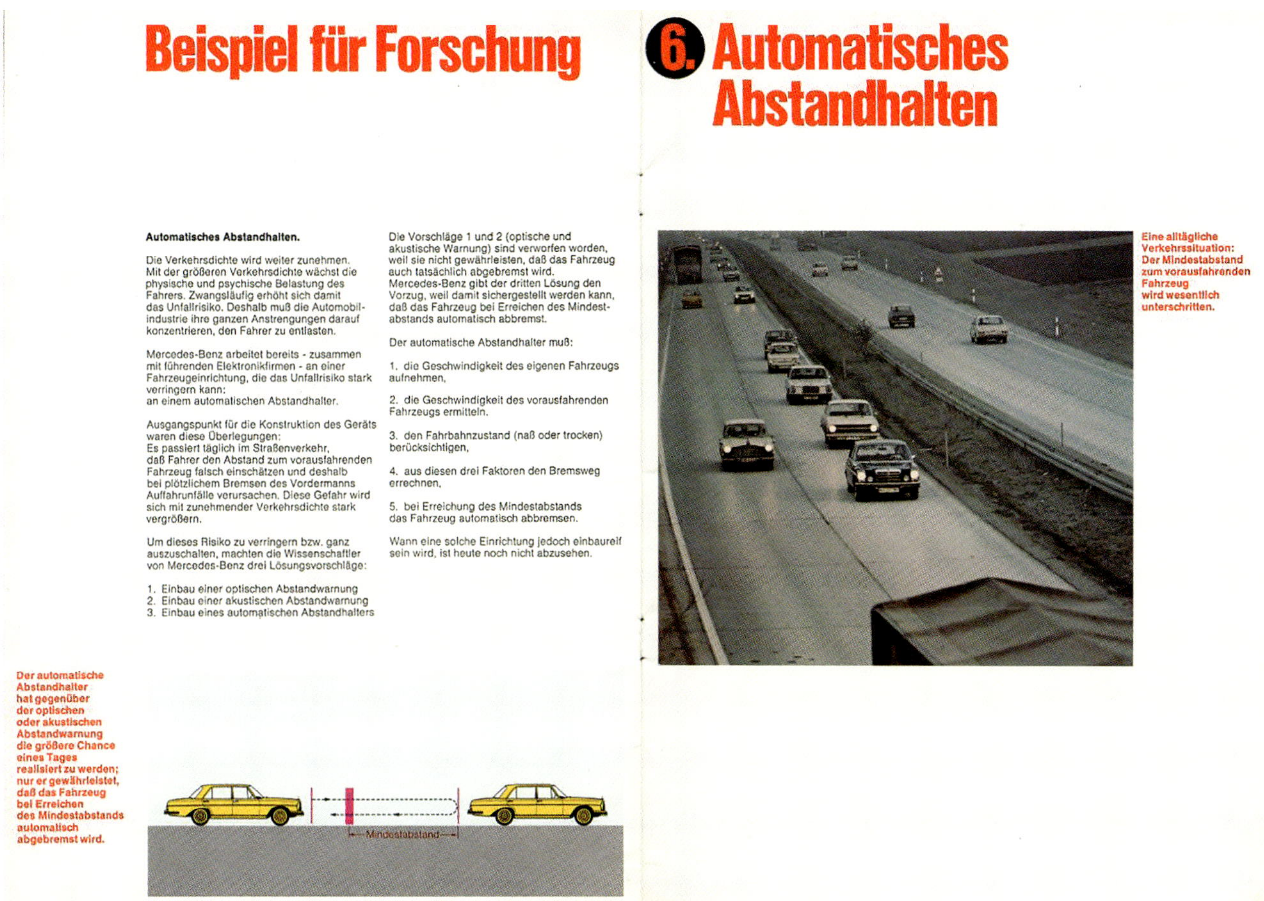

Beispiel für Forschung

6. Automatisches Abstandhalten

Automatisches Abstandhalten.

Die Verkehrsdichte wird weiter zunehmen. Mit der größeren Verkehrsdichte wächst die physische und psychische Belastung des Fahrers. Zwangsläufig erhöht sich damit das Unfallrisiko. Deshalb muß die Automobilindustrie ihre ganzen Anstrengungen darauf konzentrieren, den Fahrer zu entlasten.

Mercedes-Benz arbeitet bereits - zusammen mit führenden Elektronikfirmen - an einer Fahrzeugeinrichtung, die das Unfallrisiko stark verringern kann:
an einem automatischen Abstandhalter.

Ausgangspunkt für die Konstruktion des Geräts waren diese Überlegungen:
Es passiert täglich im Straßenverkehr, daß Fahrer den Abstand zum vorausfahrenden Fahrzeug falsch einschätzen und deshalb bei plötzlichem Bremsen des Vordermanns Auffahrunfälle verursachen. Diese Gefahr wird sich mit zunehmender Verkehrsdichte stark vergrößern.

Um dieses Risiko zu verringern bzw. ganz auszuschalten, machten die Wissenschaftler von Mercedes-Benz drei Lösungsvorschläge:

1. Einbau einer optischen Abstandwarnung
2. Einbau einer akustischen Abstandwarnung
3. Einbau eines automatischen Abstandhalters

Die Vorschläge 1 und 2 (optische und akustische Warnung) sind verworfen worden, weil sie nicht gewährleisten, daß das Fahrzeug auch tatsächlich abgebremst wird. Mercedes-Benz gibt der dritten Lösung den Vorzug, weil damit sichergestellt werden kann, daß das Fahrzeug bei Erreichen des Mindestabstands automatisch abbremst.

Der automatische Abstandhalter muß:

1. die Geschwindigkeit des eigenen Fahrzeugs aufnehmen,

2. die Geschwindigkeit des vorausfahrenden Fahrzeugs ermitteln,

3. den Fahrbahnzustand (naß oder trocken) berücksichtigen,

4. aus diesen drei Faktoren den Bremsweg errechnen,

5. bei Erreichung des Mindestabstands das Fahrzeug automatisch abbremsen.

Wann eine solche Einrichtung jedoch einbaureif sein wird, ist heute noch nicht abzusehen.

Eine alltägliche Verkehrssituation: Der Mindestabstand zum vorausfahrenden Fahrzeug wird wesentlich unterschritten.

Der automatische Abstandhalter hat gegenüber der optischen oder akustischen Abstandwarnung die größere Chance eines Tages realisiert zu werden; nur er gewährleistet, daß das Fahrzeug bei Erreichen des Mindestabstands automatisch abgebremst wird.

Mindestabstand

Natürlich, noch waren Abstandsradar und die anderen heute allgegenwärtigen elektronischen Helferlein nur Zukunftsmusik. Aber doch so real, dass dafür geworben wurde, wie in diesem Prospekt vom März 1972.

Sicherheitsautos: Der Strich-Achter als ESV

Die 1970er Jahre machten die Autos sicherer. Innen wie außen. Man sieht es ihnen an und man hat sich daran gewöhnt. Dass es dazu kommen konnte, ist in erster Linie Ralph Nader und dem Chevrolet Corvair zu verdanken.

Als Chevrolet 1959 den Corvair brachte, war er eine Revolution. Er war eine stilistische Normalität in unnormalen Zeiten mit in den Himmel wuchernder Heckflossen, und deswegen stach er hervor. Er war das krasse Gegenteil des automobilen Gigantismus' und verfügte über eine mit allen Traditionen brechende Technik. Der im Herbst 1959 präsentierte Chevrolet Corvair hatte einen im Heck eingebauten, luftgekühlten 6-Zylinder-Leichtmetall-Boxermotor, zudem eine selbst tragende Karosserie und hintere Einzelradaufhängung mit Längslenkern und Schraubenfedern. Das war bis dato unerhört und nur bei Importwagen üblich. Gegen sie, vor allem gegen den VW Käfer, sollte der Corvair antreten. Und verfrüht, im November 1968, trat er wieder ab von der Bühne, denn Ralph Nader schickte ihn in Rente. Der US-Verbraucheranwalt schrieb ein Buch mit dem Titel »Unsafe at any Speed« (Unsicher bei jeder Geschwindigkeit). Nader, politisch aktiv, legte sich bevorzugt mit Großkonzernen an. Mit seinem Buch drängte er den weltgrößten Automobilhersteller GM in die Defensive. Sein Buch erschien 1965, er geißelte darin die Unsicherheit der Autos im Allgemeinen, speziell derjenigen auf dem US-Markt. Und eingeschossen hatte er sich auf den Chevrolet Corvair, den er als gefährliche Heckschleuder bezeichnete, wie überhaupt alle Heckmotor-Autos. Zudem kritisierte er den mangelnden Insassenschutz von Cabriolets bei Überschlägen. Naders Kritik war zwar harsch und ideologisch verbrämt, aber in ihrer Substanz auch gerechtfertigt.

Er war der Initiator, dass sich die Autokonzerne weltweit zunehmend dem Thema Insassenschutz und Verkehrssicherheit widmeten. Auch die Politik wurde aktiv und erließ entsprechende Gesetze und Zulassungsbestimmungen, denen sich die Autohersteller unterwerfen mussten. Nach Naders Kritik wurde nicht nur die Corvair-Produktion eingestellt. Die US-Autoindustrie baute in der Folge auch jahrelang keine Cabriolets mehr, und der US-Markt war für importierte Roadster lange Zeit tabu. Ebenfalls auf Naders Initiative zurückzuführen ist, dass die Stoßstangen aller in den USA angebotenen Wagen auf gleicher Höhe sein müssen und leichte Crashs schadlos wegstecken können.

Dem Corvair hat das durch Nader angeschobene Umdenken nicht mehr geholfen, er blieb auf der Strecke. Aber er, der Corvair, hat geholfen beim Prozess des Umdenkens, damit Autos sicherer werden.

Ralph Nader hat für das Automobil eine große Bedeutung, wenngleich er ihm nicht wohl gesonnen war. Der von Nader aufgebaute öffentliche Druck zwang die Industrie, zu reagieren. Die Automobilhersteller weltweit konnten Naders Bewegung nicht ignorieren, und die Behörden wurden aktiv. Die US-amerikanische Verkehrsbehörde (DOT) startete 1968 ein Programm zur Entwicklung von Experimental-Sicherheits-Fahrzeugen (ESV) und initiierte die internationale »Technical Conference on the Enhanced Safety of Vehicles« (= Technische Konferenz für verbesserte Sicherheit von Fahrzeugen).

Das Ergebnis waren die Experimental Safety Vehicles (ESV) der Jahre 1970 bis 1973, die teilweise absurde technische Lösungen hervorbrachten und zu damals weder konstruktiv noch technisch zu erfüllenden Lösungen führten. Der Innovationsdruck, der so vor allem von den US-Behörden aufgebaut wurde, führte zu den – ziemlich gesichtslosen – Autos der 1980er.

Man mag diesen neuen Konformismus, welcher der automobilen Welt die extrem sicheren, aber völlig spaßbefreiten (ESV-) Automobile bescherte, beklagen, doch wahr ist auch: Der Straßenverkehr war Anfang der 1970er eine extrem blutige Angelegenheit: In Westdeutschland waren 19.193 Verkehrstote und 531.795 Verletzte im Straßenverkehr zu beklagen. Zum Vergleich: 1980 starben 13.041 Menschen den Verkehrstod, 2019 waren es noch 3046.

Sicherheitsforschung mit Strich-Achtern

Auch Daimler-Benz, nach eigener Lesart der Erfinder der Insassensicherheit und Vorreiter auf dem Gebiet der Sicherheitsforschung, beteiligte sich am ESV-Programm und stellte verschiedene »ESF« vor, »Experimental-Sicherheits-Fahrzeuge«. Die meisten davon basierten auf der S-Klasse W 116, aber die frühen ESF waren Strich-Achter. Sie alle ebneten den Weg für eine Vielzahl von Innovationen, die zum Teil erst Jahre später in Serie gebaut werden konnten. Dazu gehören ABS, Gurtstraffer und Gurtkraftbegrenzer, Airbag und Seitenaufprallschutz.

Zu den 1970 definierten Anforderungen, die Experimental-Sicherheits-Fahrzeuge erfüllen sollten, gehörte ein überaus anspruchsvolles Programm, das einen Front- und Heck-

Der erste offizielle Mercedes-ESF, von dem die Öffentlichkeit erfuhr, war der ESF 3. Er führte aber ein Schattendasein.

Das ESF 3 diente internen Tests und wurde nicht auf der ESV-Konferenz vorgestellt.

aufprall auf eine starre Barriere mit 80 km/h sowie einen Seitenaufprall auf einen Mast mit 20 km/h simulieren sollte. Die Versuchsträger sollten aber auch kleinere Unfälle mit 16 km/h ohne bleibende Verformungen an Front und Heck überstehen. Die Europäer waren eingeladen, mitzumachen. Daraus entstand das bis heute aktive »European Enhanced Vehicle Safety Commitee« (EEVC – Europäisches Komitee zur Verbesserung der Fahrzeugsicherheit). Daimler-Benz konnte nun hier erstmals seine rund 20 Jahre Erfahrung in der Sicherheitsforschung einbringen.

Betreut wurde das Projekt ESV von der 1969 als eigenständige Abteilung gegründeten Sicherheitsforschung in Sindelfingen, die in den folgenden vier Jahren 35 Fahrzeuge aufbaute und erprobte. Der erste Test fand am 12. März 1971 mit einem serienmäßigen Strich-Achter statt: Er wurde bei einem Frontalaufprall mit Tempo 80 gegen eine feststehende Wand gefahren. Zu den Crashversuchen gehörten unter anderem Front- und Heckaufprall-Versuche, Seitenaufpralltests gegen Masten und mit anderen Fahrzeugen, aber auch Falltests aus einem halben Meter Höhe. Viel Blech wurde zerknittert, viel Bewegungsenergie vernichtet. Die ersten vier ESF waren mehr oder weniger serienmäßige Strich-Achter mit mehr oder weniger kruden Sicherheitsvorkehrungen. So war der ESF 03 ein Serienwagen in auffälliger Lackierung und ohne jeglichen Chromschmuck, dem vorne und hinten monströse Stoßfänger, eine Mischung aus Stahl und Gummi, angepflanzt wurden. Von den 35 ESV starben etliche den Heldentod als Versuchsträger, doch nur die wenigen auf ESV-Konferenzen präsentierten Exemplare (allesamt Unikate) erlangten Bekanntheit.

Zur ESV-Konferenz (Experimental Safety Vehicle) 1971 stellt Mercedes-Benz das ESF 05 vor. Basis bildete eine Limousine vom Typ 250 der Baureihe W 114. Er sollte seine Insassen auch bei einem sehr starken Aufprall vor Verletzungen zu schützen. Daher gab's ein weich aufgeschäumtes Armaturenbrett und ein Lenkrad mit großer Prallplatte. Das zum Fahrer hin gewinkelte Cockpit schaffte es nicht in die Serie. So etwas in dem Stil wurde zum Markenzeichen von BMW.

Das ESF 5 ist auf den ersten Blick ein wild lackierter Strich-Achter mit SL-Front und radikalen Stoßfängern.

Erst auf den zweiten Blick fällt auf, dass er im Bereich der hinteren Türe um zehn Zentimeter verlängert ist und somit ganz andere Proportionen als gewohnt aufweist.

Zum Schutz von Fußgängern und Zweiradfahrern verfügt das ESF 13 über Front- und Heckstoßfänger mit geschäumten Seitenteilen, Regenleisten aus Gummi und abgerundete Türgriffe.

Auf der 2. Internationalen ESV-Konferenz vom 26. bis 29. Oktober 1971 in Sindelfingen präsentierte Daimler-Benz das erste und einzige ESF auf Basis des Strich-Achter; das vorangegangene ESF 3 war nie öffentlich gezeigt worden. Dieses ESF 5 hatte noch einen zweiten öffentlichen Auftritt und wurde, modifiziert und in ESF 13 umbenannt, auf der 3. Internationalen ESV-Konferenz vom 30. Mai bis 2. Juni 1972 in Washington (USA) gezeigt. In seiner Erstversion von 1971, also als ESF 5, hatte der Strich-Achter folgende Eigenschaften und Innovationen: ausgelegt für Aufprallgeschwindigkeit 80 km/h, fünf Dreipunkt-Gurte mit je drei Kraftbegrenzern, Gurte vorn selbst anlegend, Fahrer- und Beifahrer-Airbag, zusätzlich je ein Airbag in den Rückenlehnen der Vordersitze. Da-

Das ESF 13: Die Lackierung erheischt nicht nur Aufmerksamkeit. Es geht dabei um Wahrnehmungssicherheit: Eine helle Farbe mit Farbkontraststreifen fällt auf.

Mit seinen Doppelscheinwerfern, den modernen Blinkern und dem fantasievollen Grill sieht das ESF 13 aus wie eine Mischung aus W 115, W 116, W 107 und W 123.

durch Steigerung des Gewichtes der Sitze vorn auf je 63 Kilo (statt 16 Kilo in Serie), umfangreiche strukturelle Versteifungen im Vorderwagen und seitlich. Leergewicht fahrfertig 2060 Kilo (665 Kilo mehr als Serie), Gesamtlänge 5340 mm (655 mm mehr als Serie), Radstand gegenüber Serie um 100 mm verlängert, um trotz voluminöserer Sitze Platzangebot im Fond zu erhalten, Vorbauverlängerung um 370 mm inklusive hydraulischer Pralldämpfer. Innen: Armaturentafel mit Blechaufprallkörper im Beifahrerbereich, alle Aufprallbereiche im Innenraum mit Polyurethanschaum abgepolstert, insbesondere Türen, Säulen und Dachrahmen, Türen ohne Drehfenster, elektrische Fensterheber, Leuchtenwischer, Leuchtweitenregelung, Heckscheiben-Parallelwischer, seitliche Begrenzungsleuchten, Heckleuchten mit Stillstandrelais und Kontrolleinrichtung, geklebte Front- und Heckscheibe aus Verbundglas, ABS-Bremse sowie ein V6-Versuchsmotor, um Verformungsraum vorn zu gewinnen.

Das im Folgejahr präsentierte ESF 13 war eine technisch und stilistisch modifizierte Version des ESV 5 und basierte auf demselben Fahrzeug. Das Einzelstück wurde also umgebaut. Vorne und hinten wurde der Versuchs-Mercedes gründlich umgestaltet, um den Stoßfängerüberhang auf ein

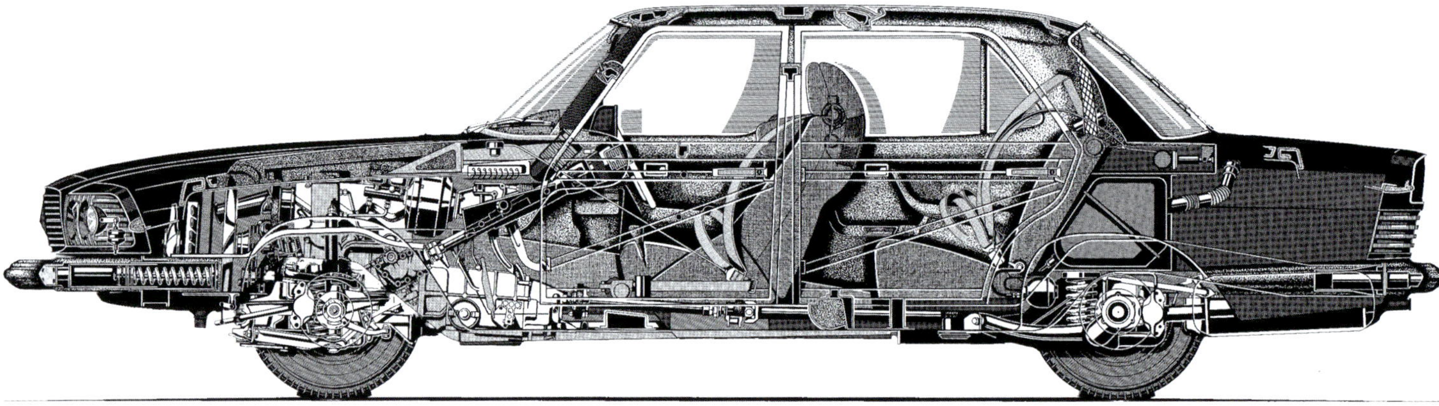

Strich-Acht-Lang in ungewöhnlicher Form: Das ESF 13 überragte eine normale Limousine um 550 Millimeter. 100 davon entfielen auf den Radstand, der Rest verteilte sich auf Bug und Heck, um die zusätzlichen Elemente für aktive und passive Sicherheit unterbringen zu können.

ESF 22 mit Hans Scherenberg, dem Leiter der Mercedes-Entwicklungsabteilung.

Basiert auf dem W 116: ESF 22 vom März 1973.

stilistisch vertretbares Maß zu reduzieren. Das gelang, indem die Stoßfänger nunmehr unterfahrbar angeordnet waren. Daraus ergaben sich neue Dimensionen: Gesamtlänge 5235 mm (550 mm länger als Serie, aber 105 mm kürzer als ESF 5), Leergewicht nun 2100 Kilo, also nochmals 40 Kilo schwerer als ESF 5.

Es folgten noch zwei weitere ESF, die Daimler-Benz auf Sicherheitskonferenzen vorstellte, beide schwer modifizierte S-Klassen W 116: ESF 22 auf der 4. Internationalen ESV-Konferenz vom 13. bis 16. März 1973 in Kyoto und ESF 24 auf der 5. Internationalen ESV-Konferenz vom 4. bis 7. Juni 1974 in London. Alle anderen ESF wurden intern getestet, und so manches dieser Einzelstücke lebte nur, um sein Leben im Versuch zu lassen. Als Sicherheits-Meilensteine, die dort erprobt und dann in das Mercedes-Serienprogramm einflossen, können gelten: ABS in Serie 1978, Fahrerairbag und Gurtstraffer 1980, Gurtkraftbegrenzer und Seitenairbags 1995. Insofern ergaben die Mercedes-ESF durchaus Sinn.

Für den einen und einzigen Crash gebaut: Mercedes ESF 21 nach dem Beweis seiner Fähigkeiten.

Sehr seriennah: ESF 24 von 1974, basierend auf einem 450 SE mit US-Spezifikationen.

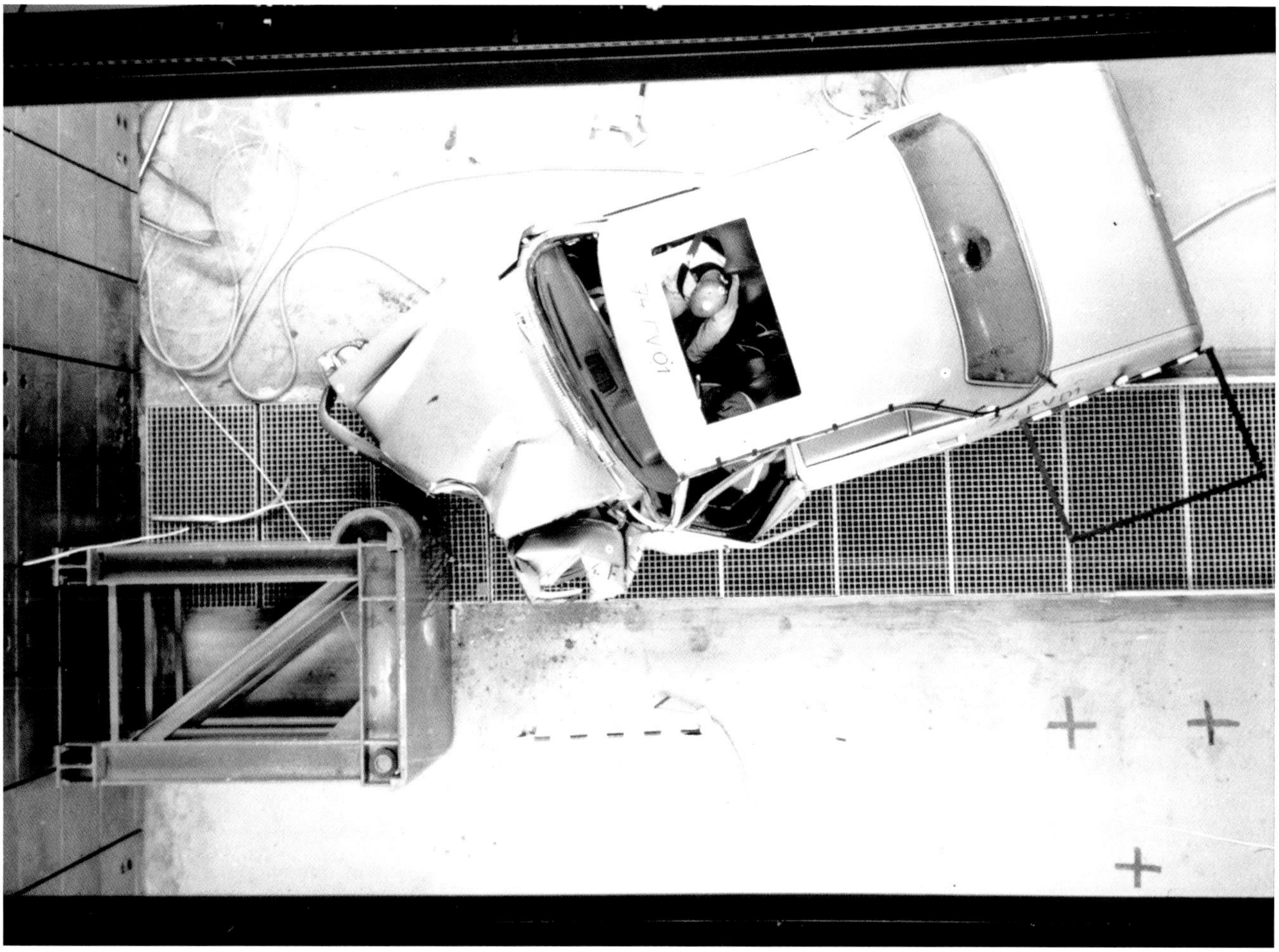

Neben den ESF hat Mercedes-Benz natürlich, wie schon die Jahrzehnte zuvor, seine Serienwagen diversen Kaltverformungen unterzogen. Das Resultat dieses Frontalaufpralls gegen eine versetzte Barriere: Die Fahrgastzelle des W 115 war für solche Gegenverkehrsunfälle nicht steif genug, da musste im Bereich der Fahrgastzelle nachgebessert werden.

Dezember 1970, auf der Untertürkheimer Versuchsbahn. Ein helles und ein dunkles Mercedes Coupé tun dasselbe, das helle mit konventioneller Bremsanlage, das dunkle mit ABS der ersten, noch analogen Generation: bremsen in Kurvenfahrt auf feuchtem Untergrund. Die in die Pressefotos montierten weißen Striche zeigen, wie sich die Wagen bei Vollbremsung bewegen. Und die umgefallenen Lübecker Hüte zeigen es auch.

Das ABS erlebt die Feuertaufe im Strich-Achter

Theoretisch wusste es jeder: Der Bremsweg eines Autos mit rollenden Vorderrädern ist kürzer als jener mit über den Asphalt schliddernden Vorderrädern. Und ein Auto mit blockierenden Vorderrädern ist nicht lenkbar. Man hatte es im Physikunterricht in der Schule gelernt und der Fahrlehrer wiederholte es. Die sicherste Möglichkeit einer Vollbremsung ist die stotternde Bremse. Also immer wieder die Bremse loslassen, wenn die Vorderräder zu blockieren beginnen. Der Bremsweg ist kürzer. Das Fahrzeug ist lenkbar. Obendrein schont dies die Reifenlauffläche. Was theoretisch klar ist, ist praktisch unmöglich. Wer eine Notbremsung veranlasst, hat keine Zeit für physikalische Reflexionen, sondern oftmals nichts als Angst. Also muss die Technik ran. Die Stotterbremse in Serie, die elektronische Regelung des Bremsdrucks, unabhängig vom fehlbaren Menschen. Das ist das Antibockiersystem, das ABS.

Kein Mercedes W 114 oder W 115 hatte jemals ABS. In Serie ging es bei Daimler-Benz im Dezember 1978. Aber erprobt wurde es natürlich jahrelang, und somit waren die Versuchsträger Vertreter vorangegangener Generationen, Strich-Achter und W 116.

Das erste Pkw-ABS von Dunlop war 1966 im englischen Jensen FF eingebaut (der obendrein Allradantrieb aufwies und somit ein rollender Technologieträger war), Ford USA rüstete 1969 den Thunderbird und Lincoln Continental mit einem ABS aus, das nur auf die Hinterräder wirkte. 1969/70 präsentierten zwei Unternehmen, unabhängig voneinander, ein ABS: Die Alfred Teves GmbH, jüngst von der US-Firma ITT übernommen, sowie Citroën mit einem System von Teldix (= Telefunken-Bendix). 1971 hatte der Nissan President ein elektronisches ABS, Chrysler offerierte das Bendix-System 1971 bis 1973 im Chrysler Imperial. Im Mercedes war ein Bosch-System eingebaut (entwickelt bei der Bosch-Tochter Teldix), und Bosch ließ sich 1978 auch das Kürzel »ABS« schützen. Der S-Klasse W 116 folgte der Siebener BMW E23 mit ABS als Sonderausstattung, der erste Wagen mit serienmäßigem ABS war 1985 der Ford Scorpio, und in der zweiten Hälfte der 80er war ABS weithin erhältlich, allerdings gegen sehr hohe Aufpreise. Zur Jahrtausendwende hatten fast alle Neuwagen serienmäßig ABS, seit 2004 ist das System für alle neu zugelassenen Personenwagen Pflicht. Das Antiblockiersystem ist die Mutter aller Fahrerassistenzsysteme.

Teldix in Heidelberg beschäftigte sich seit 1964 mit dem Thema ABS, Daimler-Benz klinkte sich ein, nach 14 Jahren

Das dunkle Coupé ist, dank ABS, noch gut steuerbar.

Entwicklung war es serienreif. Und grundsätzlich ist ein heutiges ABS nicht viel anders als dasjenige von 1978. Es funktioniert damals wie heute so: Das zentrale Gerät ist ein Hydraulikaggregat. An jedem Rad befindet sich ein Raddrehzahlfühler, er misst die Drehgeschwindigkeit des Rades. Diese Information verarbeitet ein Steuergerät, das die Magnetventile zur Regelung des Bremsdrucks präzise steuern kann. Droht ein Rad bei Vollbremsung zu blockieren, so reduziert das System den Bremsdruck an diesem Rad, bis die Blockiertendenz gestoppt ist. Rollt das Rad wieder freier, wird der Bremsdruck erneut erhöht, um eine maximale Bremsleistung zu erzeugen. Dieses Auf und Ab (»Stottern«) wird so lange wiederholt, bis der Fahrer den Druck vom Bremspedal nimmt oder bis die Blockiergefahr gebannt ist, weil beispielsweise der befahrene Boden griffiger ist. Ähnlich funktioniert übrigens auch die Anfahrhilfe »ASR« (= Antischlupfregelung).

Die erste Generation des ABS, rein analog und auf die Vorderräder beschränkt, stellte Daimler-Benz zusammen mit Teldix am 12. Dezember 1970 auf der Versuchsbahn in Untertürkheim der Weltöffentlichkeit vor, eingebaut in Mercedes W 114 Coupés. Die Revolution der Elektronik half den Ingenieuren, die Erfindung integrierter Schaltkreise ermöglichte kleine Computer, die in Minimalzeit die Daten der Radsensoren erfassen und auch die Hinterräder einbeziehen. Als Daimler-Benz als Erster ein ABS als Sonderausstattung in der S-Klasse W 116 anbot, Ende 1978, kostete die Technik genau 2217,60 D-Mark Aufpreis. Damals spürte der Fahrer, wenn das ABS einsetzte: Das Bremspedal pulsierte merklich. Das ist heute nicht mehr der Fall.

Demonstration einer Vollbremsung bei Geradeausfahrt: Gleiches Tempo, gleicher Bremspunkt: Das dunkle Coupé mit ABS kommt vor der »Würfelmauer« zum Stehen, das weiße hätte einen Unfall gehabt, wären die Würfel nicht aus Schaumstoff gewesen.

Kapitel Zehn

Jenseits der Großserie: Ambulanzen, Bestattungswagen, zivile Umbauten

Die Hochzeit der Karosseriebaukunst war zu Zeiten des Mercedes W 114 / W 115 längst passé. Die selbsttragende Bauweise ließ nahezu keine individuellen Aufbauten mehr zu. Ende der 1950er Jahre schlossen die meisten Karossiers mangels Möglichkeiten ihre Tore. Oder sie spezialisierten sich auf den Bau von Kranken- und Bestattungswagen. Der Bedarf dieser Fahrzeuge war und ist zu klein, als dass sie vom Fließband eines Autokonzerns rollen werden, und die Bedürfnisse an diese Spezialfahrzeuge sind außerdem sehr individuell. Gerade bei Bestattungswagen glich damals kaum ein Typ dem anderen.

Eine gewisse Typisierung erfolgte bei Krankenwagen (heute auch bei Bestattern), nachdem 1967 neue techni-

So gut wie Daimler-Benz versorgte niemand die Karosseriebau-Spezialisten. Die Teilkarosserie beinhaltete alles, was sie brauchten, und nichts, was sie nicht brauchten. Hier die kurze Teilkarosserie ....

... und hier die lange. Hierauf wurden die bekannten Krankenwagen Binz Europ L und Miesen Bonna realisiert. Und ausländische Karosseriebauer nahmen sie als Basis für ihre eigenen Geschöpfe.

sche Voraussetzungen für die Reorganisation des Rettungsdienstes in Kraft traten und zwischen Rettungswagen (RTW) und Krankentransportwagen (KTW) unterschieden wurde. Der RTW war fortan das Beförderungsmittel für Notfallpatienten und hatte nur eine Trage, der KTW konnte bis zu vier Tragen mitführen. Aber auch hier gilt: Jeder Kunde hat seine besonderen Anforderungen und Wünsche. Ebenso die Farben: Ab 1967 galt als DIN-Farbe RAL 1014 Elfenbein, aber unterschiedliche Rettungsorganisationen ließen ihre Wagen dennoch unterschiedlich lackieren. Feuerwehr-Krankenwagen waren zunächst in deren Traditionsfarbe Rot RAL 3000 lackiert, später zunehmend in Leuchtrot RAL 3024.

Wunschlos glücklich: Kaum Umbauten für Privatkunden

Eher selten waren private Kundenwünsche nach einem speziellen Mittelklasse-Mercedes. Nach einer Zweitürer-Limousine hatte wohl niemand gefragt, das Coupé und die »Pullman«-Version gab es werksseitig. Denkbar wäre ein Cabriolet auf Coupé-Basis gewesen. Doch erst bei der Nachfolge-Generation W 124 stillte das Werk selbst die Nachfrage. Erst viel später, als aus dem W 114 / W 115 ein gefragter Youngtimer geworden war, fand sich ein Anbieter: Bähr-Cabrio in Hagen flexte dem Coupé in den 1990er Jahren das Dach ab und kreierte ein formschönes Cabriolet.

Ziviler Mercedes Kombi von Binz, ganz im Krankenwagen-Stil. Das erhöhte Dach brachte zwar einen Gewinn in Sachen Nutzwert. Aber die Binz-Schöpfung entfernte sich dadurch schwer von der Eleganz des Ausgangsproduktes. Und eben dies war es ja, was einen Kunden dazu bewegte, ausgerechnet einen umgebauten Mercedes zu kaufen, wenn er einen Kombi wollte.

Die Heckklappe teilte sich der zivile Binz-Kombi mit den Krankenwagen aus dem gleichen Hause. Die Rückleuchten waren eine Daimler-Benz-Konstruktion eigens für Kranken- und Bestattungswagen. Frei liegende Klappenscharniere waren optisch damals schon mindestens zweifelhaft.

Auf den ersten Blick gleich, weil nach demselben Prinzip gestrickt, ist die Kombi-Interpretation von Miesen, hier mit Dachgalerie. Immerhin konstruierte Miesen versenkte Heckklappenscharniere. Beide, Binz und Miesen, griffen auf die serienmäßigen hinteren Türen zurück.

1974er Prospektblatt von Miesen für den zivilen Kombi, der sinnigerweise dieselbe Bezeichnung trug wie der Miesen-Krankenwagen: Ecoline. Wer eine andere Farbe als Weiß und innen MB-Tex in Bambus wollte, musste Aufpreis zahlen. Die Graphik des Prospektes bewahrte sich den altmodischen Charme der frühen 60er Jahre. So verkaufte man 1974 keinen Sechszylinder-Kombi. Letztlich war dieses Produkt nichts anderes als kostenlose Werbung für den Ford Granada Turnier.

Da spielte Crayford schon in einer anderen Liga und wusste seine Estate Cars auf Mercedes-Basis als luxuriös, individuell und stylisch zu vermarkten. Die meisten Crayford-Umbauten basierten allerdings auf dem W 108. Wer sich den teuren Umbau leisten konnte, gönnte sich auch die S-Klasse als Basis.

Ein neutraler Lieferwagen von Binz, in dem alles Mögliche transportiert werden konnte. Jedenfalls muss es etwas gewesen sein, das kühl gehalten werden wollte. Die Karosserieschlitze lassen Rückschlüsse auf eine Klimaanlage für den Laderaum zu.

Was gefehlt haben mag, war ein Kombi. Hatte er wirklich gefehlt? Auf Basis der Vorgänger-Baureihe W 110 hatte Mercedes einen Kombi mit Namen Universal im Angebot, das Produkt des externen Karossiers IMA im belgischen Mechelen; Daimler-Benz vertrieb ihn über das eigene Händlernetz. Heute eine gesuchte Rarität, waren die zeitgenössischen Kritiken am Mercedes Universal eher schlecht: Zu rustikal und unkomfortabel wegen der verstärkten Federung, zu sehr Nutzfahrzeugcharakter, zu teuer. Dass Mercedes vom Nachfolger keinen Kombi mehr anbot, war nur konsequent (obgleich es einen angeblich in Südamerika erhaltenen, werksseitigen Kombi-Prototyp von Daimler-Benz gab). Wer einen großen Kombi wollte, fand ihn am Markt; groß war das Angebot von Ford und Opel, und vor allem die französischen Importwagen verbanden hohen Nutzwert mit großem Komfort. Der Kombi war damals noch nicht als Lifestyle- und Freizeitfahrzeug entdeckt. Wer partout einen »Strich-Achter« als Kombi haben wollte, bekam ihn von denjenigen Karosseriebauern, die sich durch ihre Umbauten zu Krankenwagen ohnehin mit diesem Typ beschäftigten: Binz und Miesen hatten einen Kombi im Angebot; er glich in seiner ganzen Machart mit dem erhöhten Dach und dem steilen Heckabschluss sehr einer Ambulanz, und auch der belgische Karossier IMA, verantwortlich für den Universal auf Heckflossen-Basis, erstellte bis 1973 einige Kombis auf W 115, ebenso Santos in Portugal. Crayford hatte sich eine Zeitlang sogar auf Mercedes-Kombis spezialisiert.

Crayford war einer der populärsten Karossiers Großbritanniens. Bis in die 1980er Jahre hinein aktiv, schuf Crayford so manch interessante und zauberhafte Kreation: Neben aufgeschnittenen englischen British-Leyland- und Ford-Modellen wandte sich das Unternehmen aus Westerham in Kent auch deutschen Fabrikaten zu: Aus den Ateliers stammten so spannende Fahrzeuge wie das Audi 100 Cabriolet von 1968, ein VW Scirocco Cabriolet, diverse Mercedes Kombis der Generationen W 114 / W 115, W 108 und W 116 und das Mercedes W-123-Cabriolet mit dem klangvollen Namen St. Tropez.

Hinter der Firma standen die Herren David McMullan und Jeffrey Smith, die 1961 begannen, Minis ihres Daches zu berauben. Die gefielen dem Tomatenketchup- und Suppen-Giganten Heinz so gut, dass er bei den beiden eine ganze Serie davon in Auftrag gab und 57 offene Minis (für die ganz Genauen: die Basis für die Heinz-Minis war die Wolseley-Version des Mini mit Namen Hornet) als Preise in Gewinnspielen verloste, denn Heinz war bekannt für 57 verschiedene Produkte. Das machte Crayford groß und populär.

Ab 1970 bot Crayford handwerklich sauber verarbeitete und elegant wirkende Kombis (englisch: Estate Car) auf Basis der Mercedes-Mittelklasse und der S-Klasse W 108 an. Beide Typen waren auf dieselbe Art ausgeführt: Crayford übernahm für den Heckabschluss den schrägen Neigungswinkel der C-Säule und schuf damit eine im Profil coupéhaft wirkende Linie. Die oben angeschlagene Hecktüre reichte nur so weit herab wie der Kofferraumdeckel der Limousine, endete also oberhalb der Rücklichter und bedingte dadurch

Hier das Gleiche: Karosserieschlitze für die Kühlanlage. An diesem Wagen ist die Bestimmung klar: Er transportiert Blutkonserven.

Keinerlei Nutzwert, nur Freizeitwert, ein reines Genuss-Automobil: Bähr enthauptete das Coupé Anfang der 1990er Jahre, als es längst ein Klassiker war. Die Verarbeitung von Umbauten der Firma Bähr aus Hagen, so sagt man, sei grauenhaft gewesen. Offen sah der Wagen gut aus, mit geschlossenem Verdeck war die Linienführung mehr als zweifelhaft. Es gab auch einen Bausatz für optimistische Do-it-yourself-Blechbrutzler. Er kostete rund 9000 D-Mark.

eine unvorteilhaft hohe Ladekante. Aber durch den Heckabschluss war der potenziell verfügbare Nutzraum ohnehin voll ausgeschöpft; Crayford und seinen Kunden ging es eher um Eleganz als um Ladekapazität. Weitere Charakteristika: umklappbare Rücksitzlehne, mit Mercedes-Innenraummaterialien ausgeschlagenes Ladeabteil und Vinylbezug für das verlängerte Dach. Diese aus den USA übergeschwappte Mode war vor allem in Großbritannien populär, und Crayford schlug zwei Fliegen mit einer Klappe: Einerseits mochten die Käufer das Kunstlederdach um seiner selbst willen, andererseits kaschierte es auf einfache Weise die Nahtstelle, an der das Seriendach verlängert wurde. Crayford sparte sich dadurch viel Arbeit an Verzinnen, Verspachteln und Lackieren. Die Konstruktion der Kombis stammte von Crayford, nicht aber die Ausführung. Das erledigte im Auftrag FLM Panelcraft in Fulham sowie Cooper & Cooper im südafrikanischen Johannesburg. Dem Kombi auf Basis einer langen Teilkarosserie gab Crayford den deutschen Namen »Dachshund« (eines der wenigen deutschen Fremdwörter im Englischen). Man spricht von rund 400 Kombi-Umbauten durch Crayford, das sich 1986, mangels Nachfrage nach Cabrio- und Kombi-Umbauten, auf den Bau von amphibischen Sechsradvehikeln verlegte. Nach dem Tode Jeffrey Smiths endete auch diese Ära, David McMullans Sohn Sean führt heute die Firma Crayford Coachwork in Los Angeles.

Wenn zwei das Gleiche tun und dabei dieselben Vorgaben beachten, kann nichts sonderlich Unterschiedliches dabei herauskommen. Die Krankenwagen von Binz und Miesen sehen sehr ähnlich aus. Dieser ist von Miesen, ein kurzer Ecoline. Die Miesen-Interpretation erkennt man auf den ersten Blick an der absolut vertikalen C-Säule.

Mit Blaulicht: Krankenwagen

Krankenwagen in Deutschland kommen von Binz im württembergischen Lorch und Miesen in Bonn. Beide Manufakturen bedienten sich stets der Mercedes-Mittelklasse, so auch des W 115, und ihre Produkte konkurrierten direkt miteinander. Beide verwandten das normale Chassis (bei Miesen hieß das Fahrzeug »Ecoline«, bei Binz »Europ«) sowie das verlängerte Fahrgestell (»Miesen Bonna« respektive »Binz Europ L«), und die Ausstattungsvarianten waren vielfältig. Es gab Fahrzeuge mit einer oder zwei Tragen, die Innenraumhöhe war mehr oder weniger hoch, es gab Kranken- oder Betreuersessel, Trennwände zwischen Fahrer- und Patientenraum, einteilige oben angeschlagene oder zweiteilige horizontal geteilte Heckklappen sowie natürlich eine individuelle medizinische Ausrüstung. Alle Fahrzeuge entstanden auf von Daimler-Benz gelieferten Teilkarosserien. Das heißt, das Werk bot Fahrzeuge mit normalem und verlängertem Chassis für Spezialaufbauten an. Sie waren nur grundiert, der hintere Karosseriebereich fehlte ebenso wie die Dachhaut und weite Teile der Innenausstattung. Damit kam Daimler-Benz den Karosseriebauern entgegen und sparte schon am Fließband diejenigen Teile ein, die für den Umbau ohnehin wieder hätten entfernt werden müssen. Die Radkappen der teilkarossierten Wagen waren natürlich nicht in Wagenfarbe lackiert, denn die Karosserien waren ja nur grundiert. Meist blieben sie unlackiert, und das ist der Grund, warum die meisten Krankenwagen mit Radkappen ohne Innenteil in Wagenfarbe unterwegs waren.

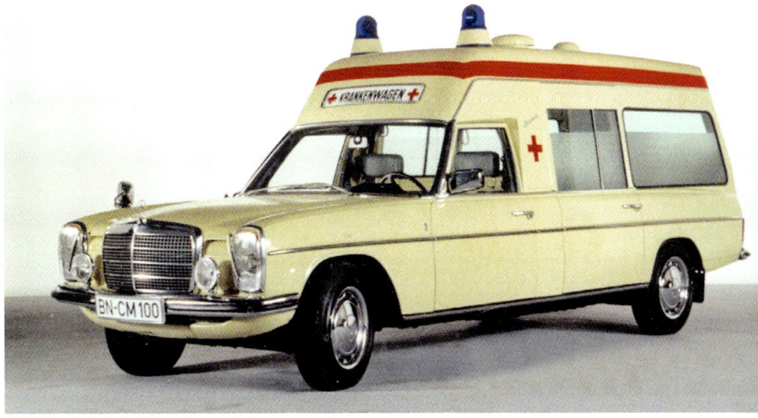

Das Gleiche gilt für den Langen: Miesen mit vertikaler C-Säule. Der Wagen trägt die einteiligen Nirosta-Radkappen, aber ohne in Wagenfarbe lackierten Innenteil. Ein solcher Wagen war mit Blaulicht 2,15 Meter hoch!

Die Binz-Schöpfung hat eine andere Linienführung der Seitenscheiben als der Miesen, seine C-Säule ist leicht schräg gestellt, was wesentlich eleganter aussieht. Außerdem unterscheiden sich beide im Design der Heckklappe. Der Wagen trägt, wie gut zu sehen ist, die alten, kleinen Radkappen, die nur die Felgenmitte bedecken, und zusätzliche, darunter geklemmte Radzierringe. Denn die neuen einteiligen Radkappen ab 1968 gab es nur als 14-Zöller, frühe Strich-Achter-Krankenwagen trugen aber 15-Zoll-Räder.

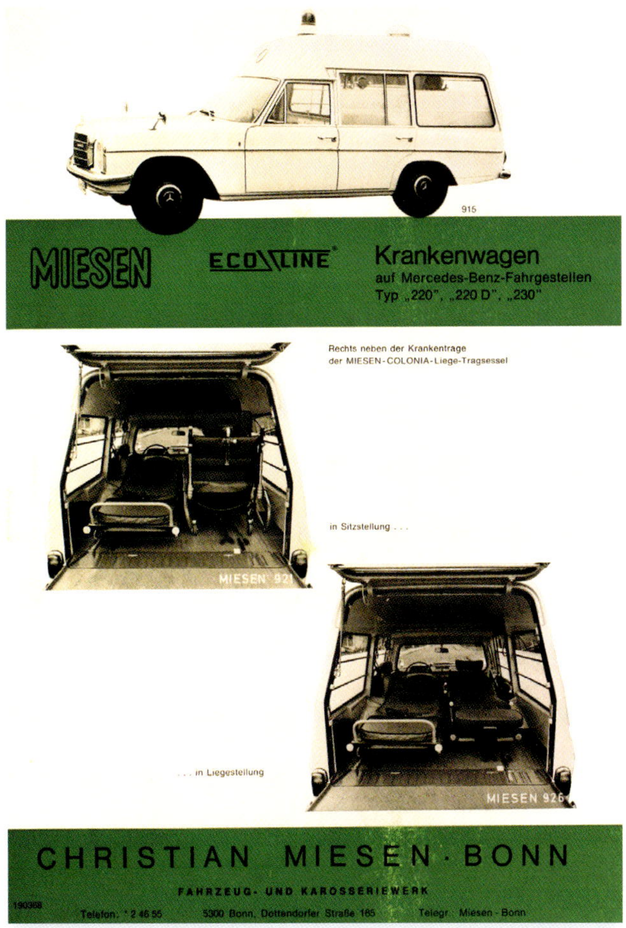

Miesen-Ecoline-Prospektblatt von 1970: links die Trage, rechts der Miesen-Liege-Tragesessel Marke Colonia.

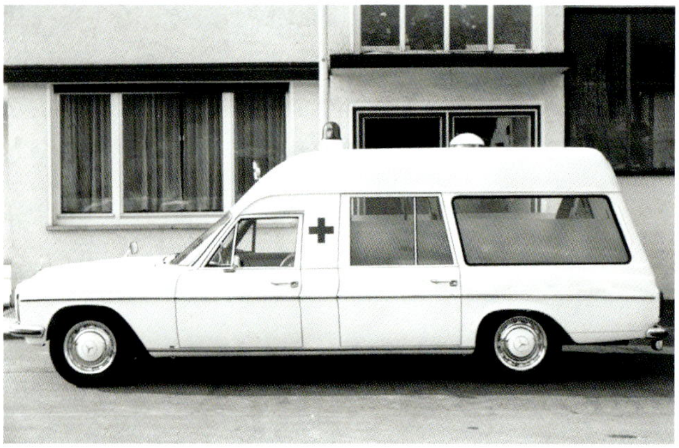

»Europ 1250 S« hießen die Binz-Krankenwagen auf langem Fahrgestell.

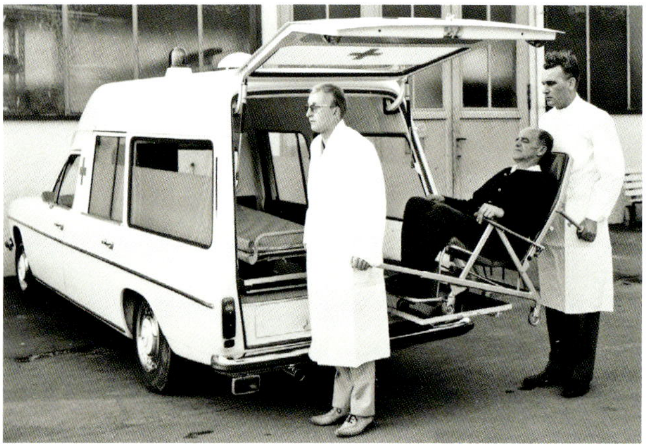

Demonstration des Liege-Trage-Sessels am Binz Europ L, der seinen Platz neben der Trage findet – somit also ein KTW, kein RTW.

1974er Binz-Prospekt für den langen Europ. Auch hier ist gut zu sehen, dass der vordere Karosserieabschluss werksseitig mit Teroson-Unterbodenschutz gemattschwärzt wurde.

Gemopfter Binz Europ L im Auslieferungszustand, und der vordere Karosserieabschluss ist bereits mit Unterbodenschutz schwarz angestrichen. Das mag praktisch sein, schön ist es nicht. Die Lackierung der Krankenwagen erfolgte stets beim Karosseriebauer, denn die Basis, also die Teilkarosserien, wurden nur grundiert geliefert. Nach der Mopf im Herbst 1973 gab es das lange Chassis sogar mit 2,3-Liter-Sechszylinder, gerne mit Automatik geordert. Innen alles, was der Medizinmann braucht: Krankentrage mit Vorrichtung zur Schocklage, zweite Trage für den Notfall, klappbares Transportstühlchen, Sauerstoffinhalationsgerät mit Absauganlage, Rollbrett zur Unterlage für Wiederbelebung, viel Sanitätsmaterial bis hin zum Blutdruckmessgerät.

Für alle Fälle: Bestattungswagen

Bestattungswagen sind ganz besondere Fahrzeuge. Denn sie haben etwas Einzigartiges zu bieten: ihre Einzigartigkeit nämlich. Während Autos heute in Millionenauflage gebaut werden (21.529.464 VW Käfer!) und selbst Kleinserienfahrzeuge in Manufakturen meist in mindestens dreistelligen Auflagen entstehen, waren respektive sind Bestattungswagen oftmals Unikate. Zwar werden sie heute auch fabrikmäßig hergestellt und die Individualität der ewigen Mercedes E-Klassen manifestiert sich eher in der Ausstattung und Farbe. Doch zu Zeiten des Mercedes W 115 haftete jedem Exemplar noch der Nimbus des Einzelstücks an.

Was allen gemein ist, ist der Transport eines Sarges oder mehrerer Särge, somit also eine weitgehend gleich ausgeführte Einrichtung des Innenraums. Das Interieur war in den 60er und 70er Jahren mit Linoleum belegt, Seitenflächen und Decken wurden meist mit Holz, bei teuren Ausführungen auch mit Stoff oder Samt, gar mit Leder verkleidet und sie trugen statt des Linoleum-Bodens poliertes Riffelblech oder gar Edelstahl. Den Boden des Laderaums bedeckt der ausfahrbare Sargschlitten, eine typisch deutsche Eigenheit. Auf ihm liegt der Sarg auf, was das Beladen erleichtert. In Deutschland haben Särge Füße.

Schon damals hatten aufwändige Bestattungswagen nicht nur ein Fahrerabteil mit zwei Sitzen, sondern eine zweite Sitzreihe mit Platz für Hinterbliebene oder Sargträger. Um diese Größe zu gewährleisten, also einen viertürigen Wagen mit zwei Sitzreihen und Platz für einen zwei Meter langen Sarg, mussten die Karosserien sehr lang sein. Hier kam den Umbauern zu Gute, dass Daimler-Benz nicht nur die Teilkarosserien anbot, sondern auch deren Langversion. Diese Teilkarosserien für Spezialaufbauten gibt es bis heute (wenngleich sie nicht mehr Mercedes-Benz, sondern seit 2009 Binz baut), und sie waren und sind die Basis für die Bestattungswagen. Grundsätzlich entsprechen die Mercedes W 115 Bestattungswagen ihren Vorgängern, was auch noch für die Nachfolgegeneration W 123 gilt.

Die 60er und 70er Jahre brachten, was den Bau von Bestattungswagen anging, keine konstruktiven Änderungen, nur stilistische. Sie waren zwar nach wie vor dezent lackiert, mussten aber nicht mehr schwarz sein. Silbermetallic oder Hellgrau, auch Anthrazitmetallic oder Dunkelblaumetallic waren beliebte Farben, auch Zweifarblackierungen waren vereinzelt anzutreffen. Vinyldächer hielten Einzug, die Menge an Chrom verschwand in den 70er Jahren zugunsten einer neuen Sachlichkeit. Die Karosseriers bemühten sich um eine Vereinheitlichung zur Steigerung der Effektivität. Doch der Markt war nach wie vor zu klein für eine Serienfertigung und die Wünsche der jeweiligen Auftraggeber waren zu individuell. Daher gibt es auch erst seit 1977 eine Deutsche Industrie-Norm für Bestattungswagen. Sie griff dann aber erst für den Mercedes W 123.

Eine Grundsatzfrage für den Auftraggeber lautete: Möchte ich einen Kunststoffaufbau oder ein Konstrukt aus Stahl? Zu W-115-Zeiten setzte die Branche auf Glasfiberaufbauten, lediglich Rappold vertraute noch auf qualitativ hochwertige Ganzstahlkarosserien

Ein absoluter Riese, in jeder Hinsicht verlängert, aber keineswegs erhöht, im Einsatz auf dem Wiener Zentralfriedhof. Eine Schöpfung des Wiener Aufbauherstellers Friedrich Jauernig. Er spezialisierte sich ab 1949 auf Mercedes Kombis aller Generationen, auch Bestattungswagen, und setzte dieses Handwerk bis zur Einführung des W 123 T-Modells fort. Weil Daimler-Benz von den Umbauten angetan war, wurde Jauernig 1968 eine Mercedes-Vertretung angeboten, quasi als Ritterschlag.

Die Branche, Hersteller wie Bestattungsunternehmer, spricht von der »Bestattungslimousine«. Sie war damals noch die Regel. Heute ist sie die Ausnahme, ersetzt durch wesentlich preiswertere Transporter mit entsprechend umgebautem Innenraum. Für den klassischen Mercedes Bestattungswagen und gegen den Transporter sprach und spricht vieles: vor allem der repräsentative Aspekt, aber auch der Wiedererkennungseffekt: Nur bei einer umgebauten Limousine erkennt jeder sofort den Bestattungswagen als solchen. Zitat aus einer Pollmann-Schrift von 1966: »Wie triste würde es aussehen, wenn alle Bestattungswagen einfache Kastenwagen wären ohne Betonung des Zweckes, ohne Verzierung – schlicht grau lackiert?«

Während der W-115-Ära war der Mercedes der typische Dienstwagen eines Bestattungsunternehmers, drei Viertel aller Bestatter in der Bundesrepublik votierten für ihn. Er steht im Wettbewerb, sieht seinen Wagen als repräsentatives Aushängeschild und will manchmal auch dem Mitbewerber zeigen, was er sich leisten kann. Das kommunale Bestattungswesen hingegen ist dem Stadtkämmerer, der Gemeindeverwaltung und letztlich dem Steuerzahler Rechenschaft schuldig. Die städtische Bestattung fuhr in den 60er und 70er Jahren meist Ford Transit, äußerlich serienmäßig, innen entsprechend ausgebaut. Das war billiger.

Als Basis für einen Mercedes-Bestattungswagen wurde nahezu ausschließlich der vierzylindrige W 115 verwendet, fast nur Benziner. Ein rußender und nagelnder Diesel wäre erstens nicht würdevoll gewesen und zweitens nicht zumutbar im Trauerkondukt, wenn die Hinterbliebenen dem Bestattungswagen zu Fuß folgen. Fast alle Bestattungswagen verfügen über Automatik, ebenfalls wegen des Trauerzuges. Der führende Bestattungswagen gibt das Tempo der folgenden Fußgänger vor, die obendrein nicht rasch, sondern gemessenen Schrittes von der Aussegnungshalle zum Grab wandeln. Das geht nur mit Automatik. Bei einem Schaltwagen hätte der Fahrer innerhalb kürzester Zeit die Kupplung durch ständiges Schleifenlassen ruiniert. Sechszylindrige W 114 waren deshalb nicht oder nur sehr selten Ausgangsprodukt, weil ein Bestattungsunternehmer, der sich einen Sechszylinder wünschte, aus Repräsentationsgründen dann gleich zur S-Klasse griff (W 108 oder W 116).

Als »Szene-Vehikel« sind Bestattungswagen unter Klassikerfreunden umstritten. Denn mancher in der »Szene« fährt einen alten Bestatter, um zu provozieren. Andere, seriösere, sehen in einem alten Bestattungswagen nichts als automobiles Kulturgut und erfreuen sich daran, ein Unikat zu fahren.

Als Variation der Ambulanz: Bestattungswagen von Binz

Der Wagnermeister Michael Binz arbeitete bei Daimler. 1936 machte er sich im württembergischen Lorch selbständig und gründete die Lorcher Karosseriefabrik Binz & Co.. Er fertigte Aufbauten für Liefer- und Lastwagen, Taxis, Cabriolets und vereinzelt Krankenwagen. Während der ersten zehn Nachkriegsjahre war Binz bereits in der Lage, große Serien herzustellen. Daimler-Benz, Krupp und Steyr ließen Fahrerhäuser bauen, für Gutbrod im benachbarten Plochingen fertigte Binz die Karosserien des kleinen Lieferwagens Atlas. Anfang der 50er Jahre entstanden die ersten Krankenwagen in Serie, und spätestens mit der Ambulanz auf Basis des Ponton-Mercedes mit Ganzstahlkarosserie etablierte sich Binz als Krankenwagenspezialist von internationalem Ruf. Die räumliche Nachbarschaft zu Daimler-Benz verstärkte die Zusammenarbeit zunehmend. Binz war quasi der Vater der von Daimler-Benz gelieferten Teilkarosserien, denn die Württemberger veranlassten das Werk, erstmals Fahrgestelle des Ponton-190-D mit um 65 Zentimeter verlängertem Radstand zu liefern. Und 2009 übernahm Binz von Daimler sogar diesen Produktionszweig: Die Grundlage für alle Mercedes E-Klasse-Bestattungswagen ist das bisher von Daimler-Benz gefertigte teilkarossierte Fahrgestell. Es wird seit Einführung der E-Klasse W 212 nicht mehr von Daimler selbst hergestellt, sondern von Binz.

Neben den Ambulanzfahrzeugen machte sich Binz auch einen guten Namen mit Mercedes-Kombifahrzeugen in Zeiten, bevor es offiziell ein T-Modell gab. Bestattungswagen waren bei Binz quasi ein Nebenprodukt der Sanitätswagenproduktion. Die Karosseriestrukturen konnten nahezu unverändert übernommen werden, lediglich der Innenausbau musste den Anforderungen des Bestattungswesens entsprechen. Anfang der 80er Jahre waren die schwarzen Kombis bei Binz ein Auslaufmodell, doch seit 2003, also auf Basis der E-Klasse W 211, ist die Bestattungslimousine wieder fester Bestandteil der Angebotspalette. Zu W-115-Zeiten war Binz nicht die erste Adresse für westdeutsche Bestattungsunternehmer. Innerhalb der Branche war bekannt, dass diese Wagen nur Nebenprodukte des Binz-Portfolios waren und Binz seine Ingenieurskraft auf Krankenwagen fokussierte. Diese wurden allerdings in alle Welt exportiert, und so kamen gerade aus »aller Welt« etliche Aufträge

Eher einfach gehaltener Binz-Bestatter mit Serienradstand und -länge. Hinter der hinteren Halbtüre, die nur auf einer Seite vorhanden ist, verbirgt sich das Reserverad. Der Wagen, bei Binz in Lorch auf dem Firmenhof fotografiert, trägt ein Ausfuhrkennzeichen, seinerzeit noch oval, und bereits die Firmenbeschriftung auf der Türe. Er ist für Braunau am Inn bestimmt.

Auch von Binz, sieht kaum wie ein Bestattungswagen aus. Das könnte auch ein Firmenwagen sein, der auf die hintere Seitenscheibe verzichtet, um dort Werbung anzubringen. Früher Strich-Achter, der noch die kleinen Radkappen des Vorgängers und die breiten Radzierringe trägt, die auf 15-Zoll-Felgen passen.

Langer Binz-Bestatter für Spanien. Interessant die Türanordnung mit Mittelteil zwischen Vorder- und Hintertüre.

für Bestattungswagen ins Haus. Binz-Bestatter auf Strich-Achter-Basis waren also hauptsächlich Exportangelegenheiten. Aber selbstverständlich orderten auch westdeutsche Bestattungsunternehmer bei Binz, denn die Firma war und ist für professionellen Karosseriebau bekannt. Wer allerdings ein künstlerisch gestaltetes und exklusives Einzelstück als Visitenkarte seines Unternehmens wollte, orderte seinen schwarzen Mercedes W 115 eher bei Stolle, Pollmann oder Welsch.

Sehr ähnlich gestaltete Binz-Interpretation, aber mit kurzer Hintertür für Hinterbliebene oder Bedienstete, dafür längerem Sargraum, ebenfalls für den Export bestimmt. Der Wagen trägt mitnichten eine lange Antenne. Das scheint eher der Blitzableiter an der Hauswand zu sein.

Viel Aluminium-Lametta: Pollmann aus Bremen

Im neuen Jahrtausend haben sich die Spezialisten für Bestattungswagen neu sortiert, manche Traditionsunternehmen sind passé oder nur noch dem Namen nach am Markt vertreten, Krankenwagenspezialisten machen Bestattungswagen quasi nebenher, neue Hersteller betraten die Bühne. Zu W-115-Zeiten hatten die Traditionalisten nach wie vor Bestand, eine Handvoll spezialisierter Betriebe. Der wohl bekannteste ist die Norddeutsche Karosseriefabrik Conrad Pollmann in Bremen, existent zwischen 1926 und 2008. Pollmann-Kreationen haben einen hohen Wiedererkennungseffekt und sind am einfachsten als solche zu identifizieren. Denn Pollmann verkleidete den seitlichen Bereich der vorderen Dacherhöhung sowie die B-Säule mit silbrig glänzendem, poliertem Aluminium. Ebenfalls eine Pollmann-Eigenheit war die verhältnismäßig sparsame Verwendung von Chromzierleisten, die bei manchem Mitbewerber recht offensichtlich unschöne Schweißnähte kaschierten. Ein Vinyldachbezug ist bei Pollmann auch eher selten. Wie die aus Meterware angefertigten Zierleisten sind auch die Kunstlederdachbezüge dafür dienlich, eine unsaubere Dachaußenhaut zu verdecken. Pollmann hatte das nicht nötig. Ab Mitte der 50er Jahre konzentrierte sich Pollmann auf Bestattungswagen, aber auch Spezialaufbauten wie beispielsweise mobile Sparkassenzweigstellen. Pollmann war nicht auf Mercedes fixiert, wie mancher Mitbewerber. Die räumliche Nähe zu Carl F. W. Borgwards Werken erklärt die Isabella als Basis, doch hauptsächlich wurden Ford umgebaut. Denn Pollmann hatte ab 1952 eine Ford-Vertretung inne. Pollmann war bis 2005 ein inhabergeführtes Unternehmen. Der altersbedingte Verkauf der Karosserieherstellung 2006 an eine schweizerische Investorengruppe, die weiterhin Bestattungswagen unter dem Namen Pollmann baute, war wohl keine gute Entscheidung, führte sie doch Ende 2008 zur Insolvenz des Unternehmens.

Typisch für Pollmann: die mit glänzendem Aluminium beplankte B-Säule und Seitenfensterumrahmung. Daran erkennt man auf den ersten Blick einen Pollmann.

Pollmann-Werbung von 1976. Nicht alles, was eine W-116-Front hat, ist auch ein W 116. Aber manches schon. Im Hintergrund zwei Ford Granada, einer mit Ghia-Grill.

Stahl statt Kunststoff: Aufbauten von Rappold

Eher selten fanden Bestattungsunternehmer den Weg zu Rappold in Wülfrath, ebenfalls ein Traditionalist und in einem Munde zu nennen mit den vorigen Karosseriebauern. Doch zu Strich-Achter-Zeiten blieben Mercedes-Bestattungswagen bei Rappold eher selten. Der Betrieb hatte eine Opel-Vertretung inne und lieferte den Kunden gerne Umbauten auf Opel-Admiral-Basis. Da bekam man, wegen des günstigeren Basispreises, mehr Auto und mehr Motor fürs Geld. Und bei Rappold bekam man keine Kunststoffaufbauten, sondern Stahl, heute Edelstahl. Die Stahlbleche werden über massiven Stahlträgern befestigt. Rappold-Wagen verfügen dadurch über eine ordentliche Stabilität und haben einen langlebigen Aufbau erster Güte. Sie erwarben sich international einen guten Ruf und wurden bis in die USA und Japan exportiert.

Stolle in Hannover: Pionier der Kunststoffaufbauten

Umso mehr auf den Umbau des Strich-Achters zum Bestattungswagen war Stolle spezialisiert. Die Mercedes-Mittelklasse war stets das Kerngeschäft der seit 1928 bestehenden Hannoveraner Karosseriefabrik. Paul Stolle kleidete seinen ersten Bestattungswagen 1929 ein, nebenher im Rahmen allgemeinen Karosseriebaus. Ab Anfang der 50er Jahre nahm dieser Zweig einen immer größeren Stellenwert ein. Unter der Ägide von Paul Stolle junior spezialisierte sich das Karosseriewerk auf den Bau dieses Genres. Er besuchte die Wagenbauschule in Hamburg, erwarb den Meistertitel als Karosseriebauer und widmete sich modernen Werkstoffen. Stolle-Bestattungswagen gehörten zu den ersten mit Kunststoffaufbau.

Stolle war stets nicht nur Handwerker, sondern auch künstlerischer Stilist. Er erfreute sich gerne an der schöpferischen Eigenleistung und beließ es oftmals nicht beim reinen Umbau mit dem Ziel der Zweckmäßigkeit. Er griff auch in die Karosseriesubstanz ein und veränderte ein Basisfahrzeug optisch, um ihm einen eigenständigen Charakter zu verleihen – was das Fahrzeug natürlich verteuerte, aber eben auch sehr exklusiv machte. So modifizierte Stolle bei etlichen Mercedes W 115 die Karosserieoberflanke und modellierte weit nach unten gezogene hintere Seitenscheiben ins Wagenprofil. Adäquat nahm die Heckscheibe fast das gesamte Wagenheck ein. Durch diese großzügige Verglasung und nicht mattierte Scheiben ist der Sarg gut sichtbar. Ebenfalls eine Stolle-Spezialität waren zweitürige Bestattungswagen auf Basis viertüriger Mercedes-Limousinen mit verlängerten Vordertüren. Er verwendete großzügig breite Zierleisten, oft auch zur Einfassung der Beladungsklappe oder der zweiflügeligen Türen, und auch Vinyldächern war der Meister zugetan. Stolle spezialisierte sich, dem Kundenwunsch gehorchend, auf Mercedes-Fahrzeuge, Mittel- und S-Klasse. Paul Stolle junior und sein Bruder Hermann übernahmen 1976 den väterlichen Betrieb und spalteten ihn 1999 auf dem gemeinsamen Grundstück auf. Paul Stolle junior und sein Sohn Paul Eric widmeten sich fortan den Nutzfahrzeugaufbauten, Hermann Stolle ist mit seiner eigenen Firma Hermann Stolle Karosseriebau für die Bestattungswagen zuständig und setzt die Tradition fort.

Sehr früher Umbau von Stolle, noch mit den kleinen Radkappen der Vorgänger-Generation, des »Heckflossers«. Damals, 1968, war eine silbergraue Lackierung noch progressiv. In den 70ern war sie eine gängige Alternative zu Schwarz.

Bestattungswagen wollen geschmückt sein, so viel Lametta wie möglich. Deshalb trugen frühe Strich-Achter sehr gerne die Doppelstoßstangen des Mercedes 250 – unabhängig von ihrer Motorisierung. Unten am Vorderkotflügel vor der Türe das typische Karosseriebauer-Emblem, hier von Stolle.

Der typische Bestattungswagen und seine Alternative: Messestand von Stolle 1969 mit Mercedes 230 Automatik und Opel Rekord C.

Zweitürig, Serienradstand, Heckverlängerung, das erhöhte Dach mit Vinylstoff bezogen, große Sargraumfenster – so sah um 1970 ein typischer Stolle-Bestatter aus.

Gut zu sehen die an Schienen geführten Schabracken. Bestattungswagen haben zumeist große Seitenfenster, die Einblicke in den Innenraum gestatten. Sie kommen aber nur dann zur Geltung, wenn ohne Gardinentafeln im Trauerkondukt gefahren wird. Beim Abtransport eines Toten und bei Fahrten über Land oder durch die Stadt soll der Sarg eher unsichtbar sein. Dann werden die Scheiben mit Schabracken verkleidet.

Mercedes 220 mit Doppelstoßstange vom 250er und vorderem Chrombügel. Wozu? Er schützt nicht und er ziert nicht. Und Souvenirplaketten werden auch nicht daran befestigt.

Platz für zwei: Die Innenraumbreite, kombiniert mit steil stehenden Laderaumflanken und einem gewölbten Dach, lassen den Transport zweier Särge zu.

Langer Lulatsch von Stolle, basierend auf der langen Teilkarosserie, ein Mercedes 230 nach dem Facelift, der dennoch mit den Doppelfrontstoßstangen vom 250er aufgewertet wurde. Hinten eine neu gefertigte Kennzeichenbefestigung inklusive Beleuchtung, auch ein Nebelschlusslicht.

Stolle-Messestand 1974, der W 115 in Faceliftversion, die vermeintliche S-Klasse ist keine solche, sondern ein schwer modifizierter Strich-Achter, rechts ein Peugeot 504 Break, der lang genug ist, dass ein Sarg ohne Umbau in den Laderaum passt.

Die W-116-Front wurde individuell an- und eingepasst. Und manchmal passt sie weniger gut als sonst. An diesem konkreten Exemplar von Stolle sieht man sehr deutlich, wie nachträglich angebracht sie doch wirkt.

Manche Bestattungswagen sind karossiert wie Lieferwagen, haben also entweder gar keine hintere Seitenscheiben (Zweitürer) oder nur die hinteren Türen sind verglast (Viertürer). Die dadurch entstehende, plane Seitenfläche wird gerne mit einer schräg stehenden, verchromten Stange verziert. Sie heißt Landau-Stange und diente einst bei Kutschen (»Landaulets«) oder, bis in die frühen 50er Jahre hinein, bei Cabriolets als Spannbügel für das geschlossene Stoffverdeck. Die Landau-Stange ist eine in Deutschland übernommene Mode aus den USA.

Wirkt ein wenig wie ein Planwagen aus dem Wilden Westen: viertüriger Stolle-Bestatter mit verlängertem Hecküberhang und stark erhöhtem, bombiert ausgeführtem Dach mit Vinylbezug. Gut zu sehen ist, dass die Seitenlinie ab Laderaum vertikal geführt ist und sich nicht, analog der vorderen Türscheiben, nach oben verjüngt. So wird die nötige Breite des Laderaums bis nach oben hergestellt.

Weitaus harmonischer ist ein Zweitürer mit langen Sargraumscheiben, ebenfalls Heckverlängerung, ebenfalls Stolle.

Hier ließ sich der Auftraggeber sein Prunkstück etwas kosten: zweitürig, hinten verlängert, Dach erhöht ist Standard. Aber die nach unten, über die Flankenlinie hinweg eingepasste Sargraumscheibe bedeutet einen tiefen Einschnitt in die Karosseriestruktur. Warum sind die Seitenspiegel beim Bestattungswagen so weit vorne, auf den Vorderkotflügeln, angebracht? Weil die vertikale Seitenlinie das Sichtprofil nach hinten verändert, die neue Spiegelposition gleicht dieses Manko aus.

Lafettenwagen nennt man einen offenen Wagen zur Sargbeförderung, sodass die Trauergäste den Sarg gut sehen können. Er wird beispielsweise bei Staatsbegräbnissen eingesetzt, aber auch auf großen Friedhöfen wie dem Wiener Zentralfriedhof für den weiten Weg von der Aussegnungshalle zum Grab. Diesen Mercedes 230/4 Lafettenwagen mit Stolle-Aufbau könnte man auch als Doppelkabiner-Pickup mit passgenauem Hardtop bezeichnen.

Derselbe Wagen mit abgenommenem Hardtop. Stolle modellierte ihm die Front der S-Klasse W 116 ein.

Und hier mit Sarg. Basis ist die lange Teilkarosserie. Erstaunlicherweise trägt dieser Wagen keinerlei Vorrichtungen, um Blumenkränze zu befestigen. Vielleicht war er für ein Land bestimmt, in dem Blumen nicht zur Begräbniszeremonie gehören.

Aus der Vulkaneifel: Individualität von Welsch

Johann Welsch stammte aus einer Wagner- und Stellmacherfamilie in der Eifel. Der Betrieb seines Vaters hatte nur regionalen Charakter gehabt, Kutschen sowie Möbelwagen gebaut und bediente die Handwerker in der Eifel. 1930 machte sich Johann Welsch selbständig und widmete sich bald den Sonderaufbauten. Seit den 50er Jahren spezialisierte sich der Karosserie und Stellmachermeister auf Bestattungswagen, der erste Auftrag dazu ging 1952 ein, der Umbau eines angelieferten Opel Kapitän, Baujahr 1951. Daneben hatte Welsch eine Karosseriereparaturvertretung für DKW inne. Allgemeine Karosserieumbauten wie Chassisverlängerungen oder Kombis gehörten stets zum Portfolio, ebenso wie Cabriolets auf Basis des DKW F102, Opel Kadett A und B, Opel Rekord A, Ford 12m P4, 17m P3 und 20m P5. 1966 übernahm Kurt Welsch, ebenfalls Karosseriebaumeister, den Betrieb nach dem Tode des Vaters. 1979 trat sein Neffe Michael Dietz in das Unternehmen ein, ab 1990 als Karosseriebaumeister tätig, und seit dem Jahr 2000 leitet er den Betrieb. Nun ist die Firma Welsch also in vierter Generation in Familienbesitz.

Die Firma Kurt Welsch unterscheidet sich von den anderen Karosseriebauern im Bestattungswagen-Metier durch besondere Flexibilität und individuelle Fahrzeugauswahl. Hier wird nicht von der Stange eingekleidet. Serienfabrikationen mit vorgefertigten Bauteilen liegen Welsch fern, jeder Bestattungswagen ist ein Einzelstück, handwerklich präzise geschaffen für die Bedürfnisse des jeweiligen Kunden. Die Karosserieaufbauten werden in Ganzmetall-Leichtbauweise realisiert, die Hecktüren wahlweise aus Stahlblech, Aluminium oder Kunststoff. Bei Welsch bleiben die Fondtüren einer Limousine fast immer erhalten, die Heckklappen gestaltet Welsch so breit wie möglich. Dem Kundenwunsch gehorchend, kleidete Welsch in den 70er Jahren etliche Strich-Achter ein.

Fahrzeuge mit Welsch-Aufbau wirken oftmals ein wenig improvisiert. Sie sind handwerklich hervorragend, aber das Stilgefühl des Ausführenden ist nicht immer auf derselben Höhe.

Welsch-Interpretation eines Strich-Achters mit anmodellierter W-116-Front und etwas tief sitzender Vorderstoßstange.

Internationale Bestatter nach internationalem Geschmack

Nahezu jedes Land, sogar innerhalb Europas, hat einen eigenen Bestattungskult. Diesem müssen die Bestattungswagen entsprechen, was sie auch tun. Die jeweiligen Karosseriebauer, die sich darauf spezialisiert haben, verwenden meist einheimische Fahrzeuge – sofern es passende Basisautomobile gibt. Doch die Automobilindustrie nicht aller Länder vermag Passendes zu liefern. Zu Strich-Achter-Zeiten tat sich beispielsweise die italienische Automobilindustrie mit Fahrzeugen der gehobenen Mittelklasse schwer, weswegen die dortigen Umbau-Platzhirsche Luigi Pilato und Dario Casale gerne auf den Mercedes zurückgriffen.

Der Inhaber eines Bestattungsunternehmens und Autoenthusiast gründete 1963 in Spa die Firma Autotrasformazioni Pilato und spezialisierte sich auf Mercedes, seit 1977 auch Volvo und seit 1980 Jaguar. 1987 erfolgte die Umstellung von Ganzstahlaufbauten zu Verbundwerkstoffen. 2002 erwarb Pilato die Rechte am Namen seines 1999 untergegangenen und 2001 verstorbenen Mitbewerbers Dario Casale. Die Carrozzeria Fratelli Casale & Meneghetti in Bassano del Grappa datiert von 1919, in zweiter Generation nach dem Zweiten Weltkrieg von Dario, Danilo, Dino und Dina Casale geführt. Dario machte sich 1960 selbständig, spezialisierte sich auf Bestattungswagen und schloss den Betrieb 1999. Während deutsche Bestattungswagen vorzüglich Handwerksleistungen und eher zweitrangig stilistische Meisterleistungen sind, haben die italienischen Karosseriebauer einfach mehr Stilgefühl und schaffen es, auch einem Bestattungswagen nicht nur Prestige, sondern zusätzlich Raffinesse zu verleihen. Deshalb geben manche deutsche Bestattungsunternehmer ihren schwarzen Mercedes bei einem italienischen Spezialisten in Auftrag. Der W 115 Bestatter, der in der mehrteiligen TV-Krimireihe »Die Bestatterin« seit 2019 zum Einsatz kommt, trägt ebenfalls eine italienische Karosserie.

Die italienischen Interpretationen sind eben wahre Meisterleistungen der Karosseriebaukunst. Stilistisch und in der Ausstattung sind sie aber nicht jedermanns Sache. Der Sargraum wirkt oft aufgesetzt, weil er nicht in die Karosserielinie integriert ist, sondern viereckig. Er ist sehr reich verziert und rundum großzügig verglast. Das Interieur ist oftmals plüschig und samtig und wird von Plastikengeln geziert, die manche Menschen als kitschig empfinden mögen. Italienische Fahrzeuge sind das Gegenteil der deutschen, sie sind extrovertiert und keineswegs zurückhaltend, dabei aber elegant. Im selben Stil kleiden Spanier und Portugiesen ihre Bestattungswagen ein, auch sie verwendeten in den späten 60ern und 70ern gerne den Mercedes W 115. Auch in Österreich ist ein Mercedes die erste Wahl für einen würdigen Bestattungswagen, überhaupt in Ländern ohne nennenswerte, eigene Automobilindustrie (nicht aber in der Schweiz, wo gerne US-Fahrzeuge hergenommen werden).

Ganz anderer Stil als ein deutscher Bestatter: Mercedes 240 D von 1975 von Dario Casale in Italien, aber ausgeliefert nach West-Berlin. Da wollte ein Bestattungsunternehmer schlichtweg etwas sehr Außergewöhnliches haben.

Extrovertierter Stil mit großzügiger Verglasung von Dario Casale. Der Sarg wird präsentiert und nicht versteckt. Die Rückleuchten stammen vom Alfa Romeo 2000 Berlina. Der Innenraum ist sehr sorgfältig und aufwändig verkleidet, Leder und Riffelblech.

Italienische Fahrzeuge sind das Gegenteil der deutschen, sie sind keineswegs diskret, dabei aber elegant. Die bekanntesten italienischen Bestattungswagen-Karosseriers heißen Pilato und Dario Casale. Sie betreiben großen Aufwand beim Umbau, greifen tief in die Karosseriestruktur ein, als ob weder Kosten noch Mühen gescheut würden.

Wenn es viel zu transportieren gibt: Pickups

Bleibt noch die letzte Bauform des Strich-Achters, der Pickup, auf Wunsch bei Binz gebaut. In Deutschland, ja in Westeuropa, völlig uninteressant. In den USA schon eher, weil dort mit dem Chevrolet El Camino und dem Ford Ranchero Personenwagen-Pickups nicht nur eine Tradition hatten, sondern auch beliebt waren. Es wird auch ein Unterschied

Sehr speziell: Anderthalbkabiner-Pickup, also Pickup mit extended Cab. Ein Einzelstück auf Kundenwunsch vom Karosseriebauer Wendler in Reutlingen, 1968 gefertigt.

Attraktives Einzelstück eines engagierten Karosseriebauers mit leicht verlängerter Kabine, Auskleidung der Pickup-Wanne mit Holz in Jacht-Manier, dazu eine glänzende Reling. Die Lackierung ist Geschmackssache.

im Duktus gemacht: Ein Pickup ist in der Regel ein Nutzfahrzeug und basiert auf einem Geländewagen, hatte also ein separates Chassis (damals zumindest), und einen auf einem Pkw basierenden Lastenträger bezeichnet man in jenen Ländern, wo das Genre beheimatet ist, als »Bakkie« (Südafrika) oder als »Ute« (Australien), was eine Abkürzung für »Utility« ist. Ein W 114 / W 115 Pickup ist also eigentlich kein Pickup, sondern ein Bakkie oder Ute. Aber so interessant der Strich-Achter in den USA auch war, die Pickups wollte dort kaum jemand haben. Anders in Südamerika, vor allem in Argentinien. Dort wurden Pickups (mit Einzel- oder sogar Doppelkabine) als 220 D am Fließband montiert, 1044 Exemplare entstanden aus umgebauten Limousinen-Karosserien. Die Pickups wurden weithin gewerblich genutzt. Kleinere Werksfeuerwehren beispielsweise rüsteten sie mit Löschutensilien aus, Firmen und Händler nutzten sie als Lastesel, Autohändler als Servicefahrzeuge, Werkstätten statteten die Mercedes-Pickups sogar mit Abschleppkränen aus.

IMA in Mechelen baute nicht nur die Heckflosse zu Kombis um, sondern auch »Strich-Achter«. Dieser Prospekt datiert von etwa 1972. Das schwarze Vinyldach dient in erster Linie dazu, die Karosserieübergänge zu kaschieren.

Wer sich bei Daimler-Benz selber für einen Pickup interessierte, bekam die Konversion von Binz, denn offizielle Umbauten kamen stets von Binz.

Schwarze ausgepinselte Motorräume

Der Blick in den Motorraum bei einem Kranken- oder Bestattungswagen ist keine Freude für das ästhetische Auge. Die Motorräume sind zumeist schwarz ausgemalt, und zwar in Pinsellackierung. Warum? Die Spezialaufbauten basierten auf den Teilkarosserien, und das waren mechanisch komplett ausgestattete Fahrzeuge, sämtliche Technik eingebaut. Aber sie waren nur hellgrau grundiert. Um den Motorraum professionell lackieren zu können, entweder in Ambulanzfarbe oder in der Farbe des Bestatters, hätte der Motor ausgebaut oder aufwändig abgeklebt werden müssen. Das sparten sich die Karossiers und pinselten die hellgrauen Innenkotflügel, die Spritzwand und das vordere Abschlussblech, also den Motorraum, schwarz an. Das Gleiche am Unterboden: Er wurde mit schwarzem Unterbodenschutz bespritzt.

Kapitel Elf

Der Strich-Achter in aller Welt

Wer in alle Welt liefert, muss sich auf die Zulassungsvorschriften in aller Welt einlassen. Und nahezu jedes Land hatte seine Eigenheiten. So besaßen nach Italien gelieferte, frühe Strich-Achter hinten geteilte Stoßstangen, um Platz zu schaffen für das damals obligatorische zweizeilige Kennzeichen. Französische Wagen hatten nicht nur gelbe Scheinwerfer, sondern auch orangefarben eingefärbte Gläser für die Rückfahrscheinwerfer. Alle Exportwagen für das Commonwealth waren rechts gelenkt. So manche Tropenversion war mit Klimaanlage ausgestattet, hatte aber keine Heizung. Derlei Absonderlichkeiten gab es mehr als genug.

American way of Drive

Am weitesten von der deutschen Ursprungsversion entfernt waren die W 114 / W 115 für die USA und Kanada – zumal die »Neue Generation« eben in jener Zeit aktuell war, da sich

Sehr frühe US-Version beim Foto-Shooting auf der Einfahrbahn in Untertürkheim. Der Wagen trägt noch keine Stoßstangenhörner, stammt also von vor April 1969.

Auch erste US-Annoncen zeigten Fahrzeuge, die noch nicht dem endgültigen Serienzustand entsprachen.

220 Diesel
Technical Specifications

All-steel chassis: Reinforced flat frame floor with welded-on body forming a rigid "unit" structure. Engine and front suspension mounted on a separate subframe, bedded in rubber.

Fully independent suspension: 4-wheel independent suspension with coil springs and heavy-duty shock absorbers. Front: unequal-length A-arms and anti-sway bar. Rear: patented Daimler-Benz diagonal-pivot swing axle and anti-sway bar.

Quick steering: Daimler-Benz recirculating-ball steering mechanism, self-aligning, 4.6 turns lock-to-lock, with built-in steering shock absorber.

Power-assisted steering, 3 turns lock-to-lock, is optional at extra cost.

Overhead camshaft diesel engine: Single overhead cam, 4-cylinder in-line, 2.2-liter (134.0-cu.-in.) diesel with Bosch 4-plunger fuel injection, 5-main-bearing crankshaft. Develops 65 horsepower (SAE) at 4200 rpm. Maximum speed is in excess of 80 mph.

4-speed transmission: 4-speed, all-synchromesh manual transmission. Column or floor-mounted shift, at no extra cost.

The Daimler-Benz 4-speed automatic transmission is optional at extra cost. Shift can be column or floor-mounted.

Disc brakes: Caliper-type disc brakes are fitted at all 4 wheels. Power assistance and tandem master cylinder brake system are standard.

Coachwork: 4-door sedan body with recessed floor pan and curved side windows. Maximum interior width, 58.7"; front seat headroom, 36.6", rear seat headroom, 34.0".

Appointments: Individual bucket front seats with reclining backrests. Bench-type rear seat with fold-down center armrest.

Deep-twist carpeting, matched to upholstery color, covers floor and rear window package shelf.

Fittings include padded armrests on all 4 doors, large map pockets in front doors, assist grips at each passenger door, ashtrays in rear doors, electric clock, padded steering wheel hub and child-proof rear door locks.

Speedometer and all gauges are mounted in a raised binnacle and positioned directly before the driver. Upper and lower instrument panel surfaces are padded. Glare-reducing materials are used throughout.

Ventilation system circulates fresh air, even with windows closed. Large nozzles in the instrument panel direct fresh air where you want it. Hidden vents exhaust stale air.

Options: Daimler-Benz 4-speed automatic transmission, power-assisted steering, air conditioning, sliding steel sunroof (manual or power-operated), leather upholstery, power windows, AM-FM radio, whitewall tires, tinted glass. For a more comprehensive listing, see your Mercedes-Benz dealer.

The legendary Diesel. So defiantly unconventional it could halve your fuel bills.

BODY & CHASSIS	
Vehicle type	5-passenger sedan, integral body/chassis
Wheelbase (in.)	108.3
Track, front/rear (in.)	56.8/56.7
Overall length (in.)	184.5
Height (in.)	56.7
Width (in.)	69.7
Ground clearance (in.)	7.5
Empty weight (lbs.)	3000
Load capacity (lbs.)	1145
Trunk capacity (cu. ft.)	20.5
Fuel tank capacity (gals.)	17.2
Battery capacity (amp.-hrs./volts)	88/12

ENGINE & DRIVE TRAIN	
Engine	4-cylinder diesel, front-mounted
bore/stroke (in.)	3.43/3.64
displacement (cu. in.)	134.0
compression ratio	21.0 to 1
horsepower (bhp @ rpm)	65 @ 4200
torque (lbs./ft. @ rpm)	96 @ 2400
max. engine speed (rpm)	4350
Clutch (dia., type)	8.5-in., single dry plate
Transmission	4-speed manual, all-synchromesh
Rear axle ratio	3.92

STEERING, SUSPENSION & BRAKES	
Steering	Daimler-Benz recirculating ball
turns, lock to lock	4.6
turning circle (ft.)	35.6
Suspension	4-wheel independent, coil springs, telescopic shock absorbers
Tires & wheels	6.95-14, 4-ply rated, tubeless, on 5½ J rims
Brakes	Power-assisted 4-wheel disc brakes, tandem master cylinders
diameter, front/rear (in.)	10.8/11.0
Parking brake	Separate drum-type

All illustrations and specifications contained in this brochure are based on the latest product information available at time of publication approval. Mercedes-Benz reserves the right to make changes at any time, without notice, in colors, materials, equipment and models.

MERCEDES-BENZ OF NORTH AMERICA, INC.
158 LINWOOD PLAZA/FORT LEE, NEW JERSEY

Mercedes 250 mit US-Spezifikationen in den USA, zuhause in Akron/Ohio. Die Stoßstangenhörner waren zwischen Mai 1969 und Juli 1973 üblich, gut zu sehen die Side Marker Lights, und Reifen mit weißen Flanken orderte fast jeder US-Käufer.

Die spanische Mission San Luis Rey de Francia in Kalifornien. 1970 erlangte das Bauwerk Denkmalschutz. Das war wohl auch der Anlass für dieses Foto mit einem Wagen desselben Baujahrs, bereits mit Stoßstangenhörnern.

MERCEDES 220 & 250

Substantial, Safe, Spacious & 'Spensive

The Mercedes 220 and 250 are the bottom and top, respectively, of the new line of compact sedans which replace all the series based on the fin-tailed sedan body of 1959. They are closer to being all new than most cars advertised as such—with a new body-chassis unit, new suspension and brakes, new transmissions and drivelines, and revised engines—but they are also typically Mercedes and in no way a radical departure from previous models. Not tested was the 230, which fits between 220 and 250 and uses the venerable 4-bearing, 2.3-liter 6-cyl engine, or the diesel-engined 220D.

As you would expect in a new body replacing one nine years old, there is considerable progress in the matter of space utilization. Seating space and luggage capacity are about the same in the old body but the new car is inches shorter, narrower and lower. A curious fact is that this new body offers nearly the same interior and trunk as the larger 280 series—and if we follow Mercedes' philosophy of automobile design we can't consider the added exterior bulk of the 280 sedans an advantage, can we? The 220-250 body is also almost identical to the 280 in styling, but it is noticeably less dignified and expensive-looking because of its tighter proportions; its appointments and sound insulation are not so comprehensive either.

Inside the car, as on the outside, the word "conservative" would sum up the total impression. A center console up front gives a fairly modern look but doesn't look like a flight panel; this contains the radio, which in both of our test cars was the Becker Europa AM/FM with its unsatisfactory 2-position tone control. There is plenty of glass so that one can see what's going on outside, and it is easy to judge where the corners of the car are for close parking. Vent windows have been retained in the front doors, however, detracting from front-side vision. The instruments are grouped directly in front of the driver and include a large speedometer, a clock and a group of minor instruments (oil pressure, water temperature, fuel level) and warning lights. The instruments are all straightforward and readable, but unfortunately the designers forgot where the driver's head is and left the top of the speedometer—the 60-70-mph range—obscured by cowling. These sedans have the variety of left-hand stalk that dims the headlights, flashes them (not on

MERCEDES 220 & 250
AT A GLANCE

Price as tested	$6001
Engine	sohc 6 cyl, 2496 cc, 146 bhp
Curb weight, lb	3150
Top speed, mph	109
Acceleration, 0-¼ mi, sec	19.8
Average fuel consumption, mpg	16

Summary: new compact body very efficient in use of space . . . new suspension & brakes give top sedan roadability . . . automatic transmission greatly improved . . . excellent assembly quality but rather austere trim & appointments

Road & Track ist Amerikas Autozeitschrift für Enthusiasten, viel Sportberichterstattung und Tests ausländischer Wagen. Mit dem Strich-Achter beschäftigte sich R & T regelmäßig, hier in der Septemberausgabe 1968: »Substantial, Safe, Spacious & 'Spensive«, wobei letzteres Wort die Slangform von »Expensive« ist.

in Folge des engagierten Verbraucherschutzanwalts Ralph Nader die Gesetze dort fast schon ins Absurde veränderten: nahezu jährlich neue Abgasvorschriften (die zumeist von der besonders engagierten kalifornischen Regierung ausgingen, aber somit das Maß für die Zulassungsfähigkeit eines Fahrzeugs in den USA waren) sowie die Heraufkunft der Stoßstangenmonstren.

Janis Joplins A-capella-Song »Oh Lord, won't you buy me a Mercedes-Benz« war eine Art der Kapitalismuskritik und geißelte den Wahn, irdisches Glück hänge von hochwertigen Konsumgütern ab. Das Lied wurde im Herbst 1970 aufgenommen, als der Strich-Achter eine Hauptrolle im nordamerikanischen Mercedes-Benz-Programm spielte und zielt somit (auch) auf ihn. Nicht umsonst wählte Janis Joplin die Produktnamen deutscher Importwagen (»my friends all drive Porsches, I must make amend«), denn sie standen für Qualität »made in Germany«, aber auch für ein kokettes Understatement, denn ein Mercedes war teurer als ein US-Car, dabei aber von den Dimensionen her kleiner und hubraumschwächer als die günstigeren Sedans amerikanischer Provenienz. In den USA und Kanada war der Mercedes ein Wagen für den Connaisseur. Überliefert ist übrigens, dass Janis Joplin zum Song inspiriert wurde, nachdem sie der Sänger und Songwriter Bobby Womack auf eine Fahrt in seinem neuen Mercedes 600 ein-

MERCEDES-BENZ 250 COUPE

A smooth, handsome coupe with excellent handling, brakes; loaded with options it's just a bit expensive considering the moderate performance

THE MERCEDES-BENZ 250 Coupe is one more step in a seemingly irreversible disintegration of that company's once meaningful system of model designations. Whereas in the past we had the neat correlation of 220 equals a 2.2-liter car, 250 a 2.5-liter and so forth, now we have a 250 Coupe with a 2.8-liter engine, a 300SEL that comes with either 2.8- or 6.3-liter engines and the 280SE models with the 3.5 (the 3.5 isn't available in the U.S. yet). Oh well, it was nice and logical while it lasted.

The 250 Coupe, introduced in Europe many months ago but just now arriving in our market, is a derivation of the "new generation" small 250 first seen in early 1968. As such it has Mercedes' latest chassis with semi-trailing independent rear suspension. All of its exterior dimensions are the same as for the 250 sedan, but its sportier roof is 1.8 in. lower, its "greenhouse" several inches shorter (with less rear legroom) and its trunk commensurately longer for an extra 1.5 cu ft of luggage space. Esthetically it is successful

Coupé-Test in der Januar-Ausgabe 1970: voll des Lobes, aber erneut wird gesagt, der Wagen sei »a bit expensive« unter Berücksichtigung der »moderate Performance«.

MERCEDES-BENZ DIESEL

THE MERCEDES DIESEL is a cultural oddity. What else could we call a luxurious, expensively-built (and priced), prestige sedan with brakes and handling good enough for 110 mph—with a 65-bhp diesel engine? That's the odd side; the cultural angle is that European culture, which has imposed very large taxes on petroleum fuels, has made the diesel engine almost a necessity for profitable operation of taxicabs.

And most of the taxis we've seen in Continental cities are indeed Mercedes diesels. But the taxi operators aren't the only people who buy them; indeed, for many years the diesel model has been Mercedes-Benz's single largest-selling model, and this has been true of U.S. Mercedes sales as well. Don't misinterpret this statistic; Mercedes builds and sells more spark-ignition cars than diesels, there being many more different models that burn gasoline than use diesel fuel. But it's obvious that diesels are a large chunk of their business. Who buys them? Traveling salesmen are attracted to them for their advantages in fuel economy and low maintenance, and retired people go for these qualities as well as the prospect of exceptional durability in a car that many assume will be their last one. And in our own casual interviews with diesel owners we keep discovering former truck drivers!

Currently Mercedes makes two diesel models, the 200D and the 220D. Both are part of the "small" sedan line which was more recently designed than the larger 280-300 sedan series; other models in this line are the 200, 220, 230 and 250 with various 4- and 6-cyl spark-ignition engines. Of these, Mercedes imports only the 220, 220D and 250 (with 2.8-liter engine) for the U.S. market.

The 220D's engine has the same bore, stroke and displacement as its spark-ignition equivalent, the 220, as well as the same general engine layout with a single overhead camshaft. But there is very little interchangeability between the spark and diesel engines; the diesel's 21:1 compression ratio means that it has to have a stronger structure and bearings. So it's heavier—the 220D weighs 80 lb more than the 220—and slightly more expensive (about $110). It is also much less powerful—the D develops only 65 bhp vs the 220's 116 bhp.

Why would anyone want a diesel? Mainly it's the fuel economy, and by this we mean not only more miles per gallon but fewer cents per gallon. With a spark-ignition engine the quality of its fuel is critical: most readers are familiar with the "octane number" concept in which the higher the octane number the higher the combination of temperature and pressure at which the fuel-air mixture will finally ignite. The higher the compression ratio, the higher must the octane number be, for with a spark plug to initiate combustion and everything designed accordingly we don't want it to get started before the plug fires. By contrast the diesel, in which the fuel-air mixture ignites *because* it has been heated by compression, isn't so finicky about how hot its fuel must be to ignite; so it will run on much cheaper fuel than will the spark engine.

Juni 1971: Das Sparschwein 220 D für denjenigen, der »Spritsparen über alles andere stellt«. R & T fragt, wer in den USA einen Mercedes Diesel kauft und kommt zum Schluss: Handlungsreisende, Rentner und ehemalige Trucker. In Bezug auf die Handlungsreisenden muss man wissen, dass die Höchstgeschwindigkeit auf dem Highway nach der Ölkrise auf 55 Miles per hour reduziert wurde, also knapp 90 km/h, und dazu war ein Mercedes Diesel durchaus fähig.

Komplett veränderte Erscheinung für den US-Strich-Achter ab August 1973 durch neue, Energie absorbierende Stoßfänger. Eigentümer mit Auto und Hund im April 1975. Der Wagen trägt ein ovales Ausfuhrkennzeichen, wurde also von einem US-Soldaten in Deutschland gekauft und mit in die Heimat genommen.

geladen hatte. Und privat fuhr Janis Joplin ein Porsche 356 C Cabriolet, psychedelisch lackiert.

Die USA-Versionen europäischer Fahrzeuge unterschieden sich von den Fahrzeugen für das Inland durch zahlreiche Modifikationen, die legislativen Auflagen nachkamen. So hatten die US-Mercedes Sealed-Beam-Scheinwerfer für Fahr- und Abblendlicht in einem einzigen, großen Glaskolben samt Verspiegelung sowie Standleuchten in den vorderen und hinteren Kotflügeln (»Side Marker Lights«), die Rücklichter waren komplett rot gefärbt ohne orangefarbene Blinker-Sektion. Weitere Charakteristika: Meilentacho, Temperaturanzeige in Fahrenheit, Öldruckanzeige in Pounds/Square Inch statt Bar, Kontrollleuchte am Armaturenbrett für die Zweikreis-Bremsanlage, es gab einen Summer für den Zünd/Anlass-Schalter, die Wagen konnten nicht gestartet werden ohne dass der Fahrer angeschnallt war (ab 1973).

Etwas seltsame Szene aus Ägypten: Europäische Touristen begrüßen einen einheimischen Staatsmann, dessen schwarzer Mercedes eine Flagge anstelle des Mercedes-Sterns und ein Kennzeichen mit arabischen Schriftzeichen und der Nummer 1 trägt. Ein Staatschef wird nicht darin sitzen, er hätte zumindest eine S-Klasse. Wahrscheinlich wird ein regionaler Machthaber chauffiert.

Des Amerikaners Lieblingsextra: Reifen mit weißen Flanken, zu Strich-Achter-Zeiten eher ein feiner Ring als ein breiter Streifen.

Macht das Auto merklich länger: 280 mit den Monster-Stoßstangen ab August 1973. Kleine Teleskope machen die Wagen fit für einen schadlosen Aufprall bis 5 Miles per Hour. Aber schöner machen sie ihn nicht.

Pflicht waren vordere Kopfstützen, Verbundglas-Frontscheiben, Sicherheitsgurte, alle Innenraumteile mussten aus nicht brennbaren Materialien sein, die Türen und A-Säulen mussten Seitenaufprallschutz gewährleisten, und am Armaturenbrett musste die Chassis-Nummer angebracht sein. Lichthupe und Lenkschloss entfielen.

Die Stoßstangen der US-Strich-Achter waren zunächst identisch zu den deutschen. Ab Mai 1969 trugen sie vorne und hinten je zwei Hörner. Für das Modelljahr 1974 waren Stoßstangen Pflicht, die einen leichten Aufprall bis 5 mph (circa 8 km/h) schadlos überstanden. Diese Stoßstangen, ab August 1973 montiert, veränderten die optische Erscheinung des US-Mercedes grundlegend.

Mercedes für die Vereinigten Staaten unterschieden sich nicht nur durch solche Vorgaben von den deutschen Fahrzeugen, sondern auch, weil der dortige Geschmack anders war. Daimler-Benz ließ sich ewig nicht erweichen, dem Wunsch der US-Kunden nach Metalliclack nachzukommen (Coupé von Anfang an, Limousine erst ab 1974), aber Weißwandreifen wurden an nahezu jedem Mercedes aufgezogen (mit Verschleißanzeiger!), viele Wagen trugen Klimaanlage und getönte Scheiben, kaum einer wurde mit MB-Tex ausgeliefert, Stoff war Standard, später Velours.

Der Amerikaner schaltet nicht gerne. Die meisten Mercedes hatten Automatik. Den 220 D und 240 D gab es zwar auch mit Viergangschaltung, aber der Großteil der Kunden

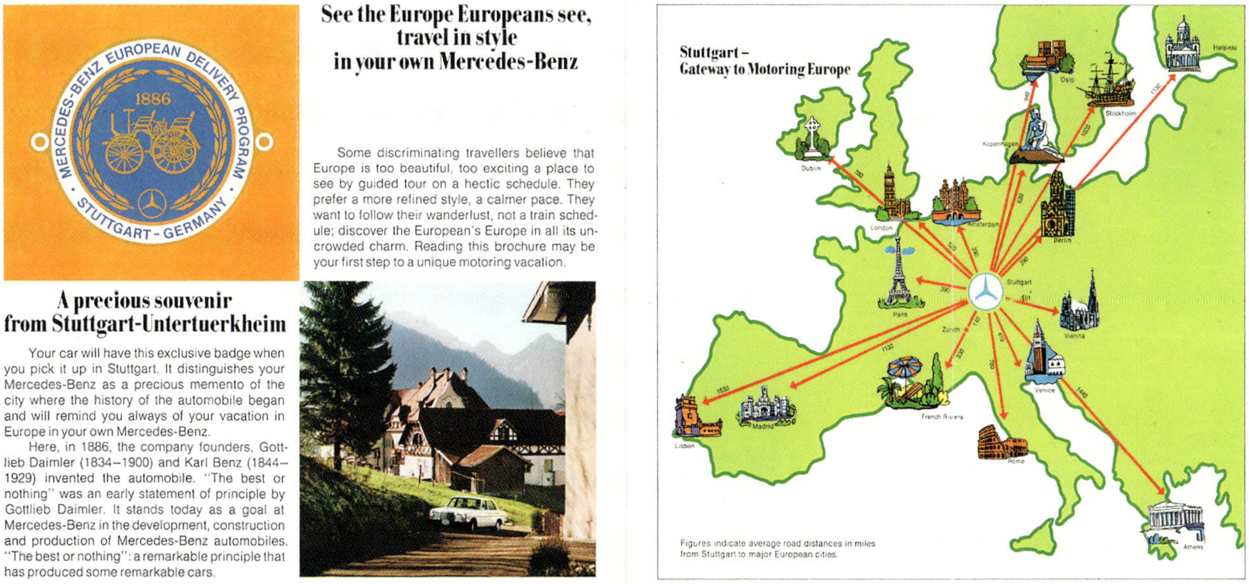

Der US-Markt war für Daimler-Benz von großer Wichtigkeit, und schon in den 1950ern bot die US-Dependance interessierten Kunden die Möglichkeit, ihren Wagen direkt im Werk abzuholen. Die Untertürkheimer unterstützten diese besondere Form von Pauschalreisen mit englischsprachigen Prospekten für Kunden aus Übersee.

ließ schalten, und den 300 D gab es ausschließlich mit Automatik. Der Mercedes 250 mit 2,8-Liter-Motor war in den USA viel früher lieferbar als in Europa. In den Vereinigten Staaten nimmt man sich übrigens stets die Zeit, den Markennamen komplett auszusprechen: »Mercedes-Benz«. Kein Amerikaner sagt nur »Mercedes«.

Aus der Kiste: CKD-Kits aus Argentinien und Südafrika

Sehr spezielle Mercedes 220 D Pickups kamen zwischen 1972 und 1976 aus Argentinien. Daimler-Benz war dort seit 1951 mit einer Montagefabrik in Virrey Del Pino vertreten,

Die argentinische Pickup-Version, ein Einzelkabiner mit elegant geschwungenem Übergang von der B-Säule zur Ladewanne. Genau das richtige für die Pampa.

Vier von 1044. Der visuelle Beweis, dass es sich bei den Argentiniern nicht um Einzelstücke handelte. Dortige Wagen hatten nur einen Rückspiegel, und zwar auf der Beifahrerseite.

Seltsame Erscheinung, der Doppelkabiner-Pickup. Ihm sieht man auf den ersten Blick an, dass er aus einer Limousinen-Rohkarosserie entstanden ist. Er fuhr sich wie eine Limousine, bot den Innenraum der Limousine und galt offiziell dennoch als Nutzfahrzeug.

Die beiden argentinischen Varianten nebeneinander, Einzel- und Doppelkabiner, ausschließlich mit 2,2-Liter-Dieselmotor lieferbar.

dem ersten Mercedes-Produktionswerk außerhalb Deutschlands. Dort wurden Haubenlastwagen und Busfahrgestelle aus importierten Bausätzen (CKD = Completely Knocked Down) montiert. Der Grund, warum dies in Argentinien und anderswo auf der Welt geschah, liegt, soweit es die Pkws betrifft, im steuerlichen Bereich: Die dortigen Regierungen verhängten hohe Steuern auf importierte Luxusgüter, wozu Automobile gehören, wohingegen im Lande montierte Güter steuerlich begünstigt wurden, weil deren Wertschöpfung lokal erfolgte und sie Arbeit für Einheimische bot. So auch in Argentinien, wo schon zwischen 1953 und 1955 Pickups auf Basis des 170 SV und SD entstanden waren. Den W 115

Fließbandarbeit: Blick ins Daimler-Benz-Montagewerk Virrey Del Pino 1972, die Pickups kurz vor der Fertigstellung.

Pickup gab es mit Einzelkabine und langer Ladefläche sowie mit Doppelkabine, eine Viertürer-Limousine, bei der lediglich der Bereich des Kofferraums umgebaut und mit Ladewanne versehen wurde. Jeder der 1044 argentinischen Pickups wurde aus der Rohkarosserie eines importierten Viertürers geschaffen. Er entstand deshalb als solcher, um noch mehr Einfuhrsteuern zu sparen. Denn der Pickup wurde nicht als Personenwagen klassifiziert, sondern als leichter Lastwagen. Nicht nur durch die Montage in Virrey Del Pino, sondern noch viel mehr durch den dortigen Umbau und die Verwendung einheimischer Produkte (Blechteile, Verglasung, Lacke, Stoffe) erlangte die Pickup-Version einen hohen Anteil an argentinischer Wertschöpfung. Eine veränderte Wirtschaftspolitik des Landes erlaubte es später, komplette Fahrzeuge zu importieren, was die lokale Montage überflüssig machte.

Südafrikanische Wagen hatten vorne und hinten unter den Stoßstangen je zwei Reflektoren, vorne weiß, hinten rot. Dieser von der Sonne verwöhnte Wagen war noch im Sommer 2014 im Alltagsbetrieb unterwegs.

In Portugal bei Movauto montierter und bei Santos zum Kombi umgebauter 220 D, als Liebhaberstück nach Deutschland importiert und auf Hamburgs Straßen unterwegs.

Impression aus Irland mit hellblauem Renault 6, rotem Renault 4 und typischem Doppeldeckerbus. Das einzig britische Auto ist der Hillman Hunter, der links ins Bild fährt. Der rechts gesteuerte Strich-Achter trägt zwei Badges am Kühlergrill. Die Briten lieben Embleme an ihren Autos.

Eingebettet in britische Fahrzeuge: Mercedes mit AA-Plakette am Grill (englischer Automobilclub) zwischen Hillman Hunter (links) und Vauxhall Victor FE. Bis in die 70er Jahre hinein hatten deutsche Autos auf der Insel einen zweifelhaften Ruf. In Krimis fuhren die Guten einen englischen Wagen und Ganoven einen Mercedes.

Sollte mal wieder gewaschen werden: kaledoniengrüner 230.4 am Straßenrand in London, dahinter ein Mini.

Als Hongkong noch eine britische Kronkolonie war: rechts gesteuerter Strich-Achter im Dezember 1980.

Nach dem Zweiten Weltkrieg war Argentinien zur Heimat vieler Deutscher geworden, die sich dort eine neue Existenz aufbauten, Juan Manuel Fangio als argentinischer Mercedes-Werksrennfahrer und fünfmaliger Formel-1-Weltmeister beförderte das ohnehin gute Markenimage im Land, war am Aufbau des dortigen Werkes beteiligt, das deshalb bis heute seinen Namen trägt, und unterhielt auch die Daimler-Benz-Vertretung in Buenos Aires. Wer einen zivilen Mercedes in Argentinien wollte, ließ einen Doppelkabiner-Pickup von einem lokalen Karosseriebauer in einen Kombi (dortige Bezeichnung: »Rural«) umbauen. Das Kuriose daran ist, dass diese Kombis also zwei Mal umgebaute Viertürer-Limousinen sind. Da der Umbau individuell erfolgte, gleicht kaum ein Kombi dem anderen, weder in der Linienführung noch in der Machart.

In Italien waren die vorderen Blinkleuchten weiß, ein Zusatzblinker vorne musste seitlich sichtbar sein. Die viereckigen Zusatzscheinwerfer sind eine typische Modeerscheinung der Zeit, passen aber vom Stil her zu den rechteckigen Mercedes-Scheinwerfern.

Strich-Achter am Pazifik: Die Trauminsel Tahiti gehört zu Französisch-Polynesien, weswegen die Autos im Umfeld alle französisch sind – bis auf einen Mercedes C 107. Aufnahme im Juni 1976.

Am Ostkap Südafrikas, in East London, unterhält Daimler seit 1958 ein weiteres Montagewerk, zunächst unabhängig (»Car Distributers Assembly Ltd.«), seit 1984 mehrheitlich im Daimler-Eigentum (»Mercedes-Benz of South Africa«). Auch hier ging es vorrangig darum, die hohen Einfuhrzölle auf Komplettfahrzeuge zu umgehen. Die CKD-Montage hatte aber so ihre Tücken, erst im Laufe der Zeit gelang es Daimler-Benz in Südafrika, das deutsche Qualitätsniveau zu erreichen, denn auch am Kap hatte die Marke schon immer einen guten Ruf. Das dortige Klima ist dem Erhalt alter Autos sehr wohl gesonnen, und gerade der W 123 gehört dort noch heute zum allgemeinen Straßenbild, oftmals gezeichnet von den Narben der Zeit, aber fast immer komplett rostfrei. Strich-Achter sind heute kaum mehr als Alltagswagen unterwegs, durchaus aber noch zu sehen.

Istanbuler Straßenszene von 1974 mit zwei viertürigen Anadol, der rote privat, der weiße ein Taxi, und im Vorüberfahren der omnipräsente Mercedes Strich-Acht.

In Südafrika sind Pickups ebenfalls sehr populär, man nennt sie dort »Bakkies«. Solche W 114 / W 115 Bakkies entstanden aber nicht lokal in Südafrika (beispielsweise aus importierten Teilkarosserien), sondern waren importierte Binz-Umbauten. Crayford-Kombis gab es in Südafrika auch, Cooper & Cooper in Johannesburg fertigte die Crayford-Konstruktion in Lizenz.

Weitere CKD-Produktionsorte: Grupo Consorcio 1390 S.A. in Barcelona (Venezuela, nicht Spanien) und Movauto in Setúbal (Portugal). Alle Teile der Bausätze stammten aus dem Mercedes-Werk Sindelfingen.

Jedes Land hat seine Eigenheiten, und dieser Strich-Acht trägt gelbe Nebelscheinwerfer.

Anhang

Technische Daten

Produktion

	1967	1968	1969	1970	1971	1972	1973	1974	1975	1976	
200	67	20 954	26 138	29 733	35 122	40 562	37 327	37 640	48 214	13 018	288 785
220	131	23 486	22 493	22 652	24 140	23 684	12 146	–	–	–	128 732
230.4	–	–	–	–	–	7	9 568	30 033	35 073	13 104	87 765
200 D	106	23 293	27 663	32 841	35 000	41 065	45 287	50 613	62 978	21 081	339 927
220 D	364	50 630	59 628	63 314	64 294	73 729	54 121	27 510	21 226	5 254	420 270
240 D	–	–	–	–	–	–	16 512	60 928	38 019	15 860	131 319
240 D 3.0	–	–	–	–	–	–	–	7 650	34 420	11 620	53 690
230.6	252	22 064	23 835	25 252	30 520	35 270	31 378	25 314	22 922	4 906	221 783
250	2 215	20 475	18 692	17 329	15 180	4 412	–	–	–	–	
250	–	–	–	3 248	7 382	8 266	6 570	4 516	3 580	499	34 061
280	–	–	–	–	2	9 828	13 718	11 755	6 535	2 699	44 537
280 E	–	–	–	–	18	8 371	8 214	3 612	2 277	344	22 836
250 C	–	3	2 949	2 627	2 348	897	–	–	–	–	8 824
250 C	–	–	1 213	2 425	3 621	2 839	649	490	442	89	11 768
250 CE	–	3	5 840	8 002	5 898	2 044	–	–	–	–	21 787
280 C	–	–	–	–	1	2 124	4 196	3 734	2 133	963	13 151
280 CE	–	–	–	–	2	5 389	3 724	1 429	844	130	11 518

Preise

	200	220	200 D	220 D	220 D lang		
Jan. 1968	DM 11 500,–	DM 12 000,–		DM 12 500,–	–		
März 1969	DM 11 600,–	DM 12 100,–		DM 12 600,–	DM 18 315,–		
Nov. 1969	DM 12 155,–	DM 12 655,–		DM 13 155,–	DM 19 200,–		
Aug. 1970	DM 12 745,–	DM 13 165,–	DM 13 265,–	DM 13 690,–	DM 19 960,–		
April 1971	DM 13 375,–	DM 13 820,–	DM 13 930,–	DM 14 375,–	DM 20 980,–		
Mai 1972	DM 13 930,–	DM 14 375,–	DM 14 430,–	DM 14 930,–	DM 21 535,–		
März 1973	DM 14 545,–	DM 14 985,–		DM 15 485,–	DM 22 100,–		
	200	230.4	200 D	240 D	240 D lang	240 D 3.0	
Aug. 1973	DM 14 545,–	DM 15 210,–	DM 14 985,–	DM 15 985,–	DM 22 590,–	–	
Febr. 1974	DM 15 140,–	DM 15 875,–	DM 15 585,–	DM 16 710,–	DM 23 610,–	–	
Aug. 1974	DM 15 785,–	DM 16 540,–	DM 16 240,–	DM 17 415,–	DM 24 610,–	DM 18 815,–	
Febr. 1975	DM 16 710,–	DM 17 505,–	DM 17 185,–	DM 18 425,–	DM 26 075,–	DM 19 915,–	
	230	230 lang	250			250 C	250 CE
Jan. 1968	DM 13 150,–	-	DM 14 630,–			–	–
März 1969	DM 13 265,–	DM 18 980,–	DM 14 765,–			DM 16 820,–	DM 17 710,–
Nov. 1969	DM 13 930,–	DM 19 900,–	DM 15 430,–			DM 17 600,–	DM 18 485,–
Aug. 1970	DM 14 620,–	DM 20 725,–	DM 16 185,–			DM 18 430,–	DM 19 370,–
April 1971	DM 15 375,–	DM 21 760,–	DM 17 040,–			DM 19 370,–	DM 20 370,–
				280	280 E	280 C	280 CE
Mai 1972	DM 16 100,–	DM 22 480,–	DM 17 875,–	DM 18 980,–	DM 20 535,–	DM 21 425,–	DM 22 980,–
März 1973	DM 16 765,–	DM 23 145,–	DM 18 760,–	DM 19 925,–	DM 21 535,–	DM 22 480,–	DM 24 090,–
	230.6	230.6 lang	250				
Aug. 1973	DM 16 765,–	DM 23 145,–	DM 18 760,–	DM 19 925,–	DM 21 535,–	DM 22 480,–	DM 24 090,–
Febr. 1974	DM 17 485,–	DM 24 200,–	DM 19 600,–	DM 20 825,–	DM 22 500,–	DM 23 500,–	DM 25 175,–
Aug. 1974	DM 18 215,–	DM 25 435,–	DM 20 435,–	DM 21 700,–	DM 23 455,–	DM 24 500,–	DM 26 240,–
Febr. 1975	DM 19 270,–	DM 21 625,–	DM 21 625,–	DM 23 610,–	DM 25 465,–	DM 26 555,–	DM 28 405,–

Aufpreise Jan. 1968: Automatik + DM 1430,–, Servolenkung + DM 515,–, Stahl-Schiebedach (Limousine) + DM 560,–
Aufpreise Febr. 1975: Automatik + DM 1610,–, Servolenkung + DM 645,–, Stahl-Schiebedach (Limousine) + DM 735,–

Modell	Mercedes-Benz Typ 200 (W 115 V 20) 1967–1976	Mercedes-Benz Typ 220 (W 115 V 22) 1967–1973	Mercedes-Benz Typ 230.4 (W 115 V 23) 1973–1976
Motor	Daimler-Benz M 115 Vergasermotor		
Zylinderzahl	4 (Reihe)		
Bohrung x Hub	87 x 83,6 mm	87 x 92,4 mm	93,75x83,6 mm
Hubraum	1988 ccm	2197 ccm	2277 ccm
Leistung	95 PS (70 kW) bei 5000 U/min	105 PS (77 kW) bei 5000 U/min	110 PS (81 kW) bei 4800 U/min
Drehmoment	15,9 mkg bei 2800 U/min	18,2 mkg bei 2800 U/min	19 mkg bei 2500 U/min
Verdichtung	1:9		
Vergaser	1 Flachstromvergaser Stromberg 175 CDS (44 mm) ab Juli 1970: Stromberg 175 CDT (44 mm)	1 Flachstromvergaser Stromberg 175 CDS (44 mm) ab Juli 1970: Stromberg 175 CDT (44 mm)	1 Flachstromvergaser Stromberg 175 CDT (44 mm)
Ventile	Hängend Obenliegende Nockenwelle Antrieb durch Duplex-Kette		
Kurbelwellenlager	5		
Kühlung	Pumpe, 10,5 Liter Wasser		
Schmierung	Druckumlauf, 4 bzw. (ab März 1970) 5 Liter Öl		
Batterie	12 V 55 Ah (im Motorraum)		
Lichtmaschine	Drehstrom 35 A (490 W) oder 55 A (770 W)		
Kraftübertragung	Antrieb auf Hinterräder Dreiteilige Gelenkwelle		
Kupplung	Einscheibentrockenkupplung		
Schaltung	Lenkradschaltung oder Stockschaltung Wagenmitte		
Getriebe	4 Gang		
Synchronisierung	I–IV		
Übersetzungen	I. 3,90, II. 2,30, III. 1,41, IV. 1,00, auf Wunsch: Automatik, Wählhebel am Lenkrad oder Wagenmitte, hydraul. Kupplung bzw. (ab Aug. 1973) hydraul. Wandler + 4 Gang-Planetengetriebe I. 3,98 II. 2,39 III. 1,46 IV. 1,00		
Antriebs-Übersetzung	4,08 (12:49), ab 1970: 3,92 (12:47)		3,69
Fahrwerk	Selbsttragende Ganzstahlkarosserie		
Vorderradaufhängung	Doppel-Querlenker, Schraubenfedern, Drehstab-Stabilisator		
Hinterradaufhängung	Diagonal-Pendelachse, Schräglenker, Schraubenfedern, Zusatz-Gummifedern, Drehstab-Stabilisator, auf Wunsch: hydropneumatische Niveau-Regulierung		
Lenkung	Kugelumlauf (22,7:1), 4,6 Lenkraddrehungen, auf Wunsch: Kugelumlauf (17,3:1) + Servohilfe, 3 Lenkraddrehungen		
Fußbremse	Zweikreis-Hydraulik, Servohilfe Scheibenbremsen vorn (273 mm) und hinten (279 mm)		
Radstand	2750 mm		
Spur vorn/hinten	1448/1440 mm		
Gesamtmaße	4680 x 1770 x 1440 mm		
Felgen	5,5 J x 14 HB		
Reifen	6,95 oder 175 S 14 (4 PR) Auf Wunsch bzw. ab 1975 Serie: 175 SR 14	6,95 oder 175 S 14 (4 PR) Auf Wunsch: 175 SR 14	6,95 oder 175 S 14 (4 PR) Auf Wunsch bzw. ab 1975 Serie: 175 SR 14
Wendekreis links/rechts	11,1/11,0 Meter		
Wagengewicht	1360 kg, Automatik + 40 kg		
Zuläss. Gesamtgewicht	1860 kg		1870 kg
Höchstgeschwindigkeit	163, Automatik 158 km/h	168, Automatik 163 km/h	171, Automatik 166 km/h
Beschleunigung 0–100 km/h	16 sec	14 sec	
Verbrauch/100 km	13,5, Automatik 14,5 l Super	14, Automatik 15 l Super	14,5, Automatik 15,5 l Super
Kraftstofftank	65 Liter (im Heck)		

Modell	Mercedes-Benz Typ 200 D (W 115 D 20) 1967–1976	Mercedes-Benz Typ 220 D (W 115 D 22) 1967–1976	Mercedes-Benz Typ 220 D lang (W 115 D 22) 1968–1973
Motor	Daimler-Benz OM 615 Vorkammer-Dieselmotor		
Zylinderzahl	4 (Reihe)		
Bohrung x Hub	87 x 83,6 mm	87 x 92,4 mm	
Hubraum	1988 ccm	2197 ccm	
Leistung	55 PS (40 kW) bei 4200 U/min	60 PS (44 kW) bei 4200 U/min	
Drehmoment	11,5 mkg bei 2400 U/min	12,8 mkg bei 2400 U/min	
Verdichtung	1:21		
Einspritzpumpe	Bosch Vierstempel-Einspritzpumpe		
Ventile	Hängend, Obenliegende Nockenwelle, Antrieb Duplex-Kette		
Kurbelwellenlager	5		
Kühlung	Pumpe, 10,5 l Wasser		
Schmierung	Druckumlauf, 4 bzw. (ab März 1970) 5 Liter Öl		
Batterie	12 V 66 od. 88 Ah (Motorraum)	12 V 88 Ah (im Motorraum)	
Lichtmaschine	Drehstrom 35 oder 55 A	Drehstrom 35 A (490 W) oder 55 A (770 W)	
Kraftübertragung	Antrieb auf Hinterräder Zweiteilige Gelenkwelle		
Kupplung	Einscheibentrockenkupplung		
Schaltung	Lenkradschaltung oder (außer für 220 D lang) Stockschaltung Wagenmitte		
Getriebe	4 Gang		
Synchronisierung	I–IV		
Übersetzungen	I. 3,90, II. 2,30 III. 1,41, IV. 1,00, auf Wunsch: Automatik. Wählhebel am Lenkrad oder (außer für 220 D lang) Wagenmitte, hydraul. Kupplung bzw. (ab Aug. 1973) hydraul. Wandler + 4 Gang-Planetengetriebe I. 3,98 II. 2,39 III. 1,46 IV. 1,00		
Antriebs-Übersetzung	3,92		4,08
Fahrwerk	Selbsttragende Ganzstahlkarosserie		
Vorderradaufhängung	Doppel-Querlenker, Schraubenfedern, Drehstab-Stabilisator		
Hinterradaufhängung	Diagonal-Pendelachse, Schräglenker, Schraubenfedern, Zusatz-Gummifedern, Drehstab-Stabilisator, auf Wunsch: hydropneumatische Niveau-Regulierung		
Lenkung	Kugelumlauf (22,7:1), 4,6 Lenkraddrehungen, auf Wunsch: Kugelumlauf (17,3:1) + Servohilfe, 3 Lenkraddrehungen		
Fußbremse	Zweikreis-Hydraulik, Servohilfe Scheibenbremsen vorn (273 mm) und hinten (279 mm)		
Radstand	2750 mm		3400 mm
Spur vorn/hinten	1448/1440 mm		
Gesamtmaße	4680 x 1770 x 1440 mm		5335 x 1770 x 1485 mm
Felgen	5,5 J x 14 HB		5,5 J x 15 HB
Reifen	6,95 oder 175- 14 (4 PR) Auf Wunsch bzw. ab 1975 Serie: 175 SR 14		185 HR 15
Wendekreis links/rechts	11,1/11,0 Meter		13,1/13,0 Meter
Wagengewicht	1410 kg, Automatik + 40 kg		1540 kg, Automatik + 40 kg
Zuläss. Gesamtgewicht	1905 kg		2185 kg
Höchstgeschwindigkeit	130, Automatik 125 km/h	134, Automatik 129 km/h	130, Automatik 125 km/h
Beschleunigung 0–100 km/h	31, Automatik 33,5 sec	29, Automatik 30 sec	31, Automatik 33 sec
Verbrauch/100 km	9,5, Automatik 10,5 l Diesel	10, Automatik 11 l Diesel	10,5, Automatik 11,5 l Diesel
Kraftstofftank	65 Liter (im Heck)		

<table>
<tr><th>Modell</th><th>Mercedes-Benz
Typ 240 D
(W 115 D 24)
1973–1976</th><th>Mercedes-Benz
Typ 240 D lang
(W 115 D 24)
1973–1976</th><th>Mercedes-Benz
Typ 240 D 3.0
(W 115 D 30)
1974–1976</th></tr>
<tr><td>Motor</td><td colspan="2">Daimler-Benz OM 616 Vorkammer-Dieselmotor</td><td>Daimler-Benz OM 617 Vorkammer-Dieselmotor</td></tr>
<tr><td>Zylinderzahl</td><td colspan="2">4 (Reihe)</td><td>5 (Reihe)</td></tr>
<tr><td>Bohrung x Hub</td><td colspan="3">91 x 92,4 mm</td></tr>
<tr><td>Hubraum</td><td colspan="2">2404 (Steuer 2376) ccm</td><td>2971 ccm</td></tr>
<tr><td>Leistung</td><td colspan="2">65 PS (48 kW) bei 4200 U/min</td><td>80 PS (59 kW) bei 4000 U/min</td></tr>
<tr><td>Drehmoment</td><td colspan="2">14 mkg bei 2400 U/min</td><td>17,5 mkg bei 2400 U/min</td></tr>
<tr><td>Verdichtung</td><td colspan="3">1:21</td></tr>
<tr><td>Einspritzpumpe</td><td colspan="2">Bosch Vierstempel-Einspritzpumpe</td><td>Bosch Fünfstempel-Einspritzpumpe</td></tr>
<tr><td>Ventile</td><td colspan="3">Hängend, Obenliegende Nockenwelle, Antrieb Duplex-Kette</td></tr>
<tr><td>Kurbelwellenlager</td><td colspan="2">5</td><td>6</td></tr>
<tr><td>Kühlung</td><td colspan="2">Pumpe, 10 l Wasser</td><td>Pumpe, 10,8 l Wasser
Viscose-Ventilatorkupplung</td></tr>
<tr><td>Schmierung</td><td colspan="2">Druckumlauf, 5 Liter Öl</td><td>Druckumlauf, 5,5 Liter Öl</td></tr>
<tr><td>Batterie</td><td colspan="3">12 V 88 Ah (im Motorraum)</td></tr>
<tr><td>Lichtmaschine</td><td colspan="2">Drehstrom 35 A (490 W) oder 55 A (770 W)</td><td>Drehstrom 35 oder 55 A</td></tr>
<tr><td>Kraftübertragung</td><td colspan="3">Antrieb auf Hinterräder, Zweiteilige Gelenkwelle</td></tr>
<tr><td>Kupplung</td><td colspan="3">Einscheibentrockenkupplung</td></tr>
<tr><td>Schaltung</td><td>Lenkradschaltung oder
Stockschaltung Wagenmitte</td><td colspan="2">Lenkradschaltung oder (außer für 240 D lang)
Stockschaltung Wagenmitte</td></tr>
<tr><td>Getriebe</td><td colspan="3">4 Gang</td></tr>
<tr><td>Synchronisierung</td><td>I–IV</td><td></td><td></td></tr>
<tr><td>Übersetzungen</td><td>I. 3,90, II. 2,30, III. 1,41, IV. 1,00,
auf Wunsch: Automatik, Wählhebel am Lenkrad oder (außer für 240 D lang) Wagenmitte, hydraulischer Wandler + 4 Gang-Planetengetriebe
I. 3,98 II. 2,39 III. 1,46 IV. 1,00</td><td>I. 3,90, II. 2,30, III. 1,41, IV. 1,00,
auf Wunsch: Automatik, Wählhebel am Lenkrad oder hydraulischer Wandler + 4 Gang-Planetengetriebe
I. 3,98 II. 2,39 III. 1,46 IV. 1,00</td><td>I. 3,90, II. 2,30, III. 1,41, IV. 1,00,
auf Wunsch: Automatik, Wählhebel am Lenkrad oder Wagenmitte, hydraulischer Wandler + 4 Gang-Planetengetriebe
I. 3,98 II. 2,39 III. 1,46 IV. 1,00</td></tr>
<tr><td>Antriebs-Übersetzung</td><td>3,69</td><td>3,92</td><td>3,46</td></tr>
<tr><td>Fahrwerk</td><td colspan="3">Selbsttragende Ganzstahlkarosserie</td></tr>
<tr><td>Vorderradaufhängung</td><td colspan="3">Doppel-Querlenker, Schraubenfedern, Zusatz-Gummifedern, Drehstab-Stabilisator</td></tr>
<tr><td>Hinterradaufhängung</td><td>Diagonal-Pendelachse, Schräglenker Schraubenfedern, Gummi-Zusatzfedern, Drehstab-Stabilisator, auf Wunsch hydropneumatische Niveau-Regulierung</td><td>Diagonal-Pendelachse, Schräglenker Schraubenfedern, Gummi-Zusatzfedern, Drehstab-Stabilisator, hydropneumatische Niveau-Regulierung</td><td>Diagonal-Pendelachse, Schräglenker Schraubenfedern, Gummi-Zusatzfedern, Drehstab-Stabilisator, auf Wunsch hydropneumatische Niveau-Regulierung</td></tr>
<tr><td>Lenkung</td><td colspan="3">Kugelumlauf (22,7:1), 4,6 Lenkraddrehungen, auf Wunsch: Kugelumlauf (17,3:1) + Servohilfe, 3 Lenkraddrehungen</td></tr>
<tr><td>Fußbremse</td><td colspan="3">Zweikreis-Hydraulik, Servohilfe, Scheibenbremsen vorn (273 mm) und hinten (279 mm)</td></tr>
<tr><td>Radstand</td><td>2750 mm</td><td>3400 mm</td><td>2750 mm</td></tr>
<tr><td>Spur vorn/hinten</td><td colspan="3">1448/1440 mm</td></tr>
<tr><td>Gesamtmaße</td><td>4680 x 1770 x 1440 mm</td><td>5335 x 1770 x 1485 mm</td><td>4680 x 1770 x 1440 mm</td></tr>
<tr><td>Felgen</td><td>5,5 J x 14 HB</td><td>5,5 J x 15 HB</td><td>5,5 J x 14 HB</td></tr>
<tr><td>Reifen</td><td>6,95 oder 175-14 (4 PR)
Auf Wunsch bzw. ab 1975 Serie: 175 SR 14</td><td>185 HR 15</td><td>6,95 oder 175-14 (4 PR)
Auf Wunsch bzw. ab 1975 Serie: 175 SR 14</td></tr>
<tr><td>Wendekreis links/rechts</td><td>11,1/11,0 Meter</td><td>13,1/13,0 Meter</td><td>11,1/11,0 Meter</td></tr>
<tr><td>Wagengewicht</td><td>1425 kg Automatik + 40 kg</td><td>1555 kg Automatik + 40 kg</td><td>1465 kg Automatik + 40 kg</td></tr>
<tr><td>Zuläss. Gesamtgewicht</td><td>1910 kg</td><td>2200 kg</td><td>1950 kg</td></tr>
<tr><td>Höchstgeschwindigkeit</td><td>138, Automatik 133 km/h</td><td>135, Automatik 130 km/h</td><td>149, Automatik 144 km/h</td></tr>
<tr><td>Beschleunigung 0–100 km/h</td><td>25, Automatik 27,5 sec</td><td>28, Automatik 31 sec</td><td>20, Automatik 21 sec</td></tr>
<tr><td>Verbrauch/100 km</td><td>10,5, Automatik 11,5 l Diesel</td><td>11, Automatik 12 l Diesel</td><td>12, Automatik 13 l Diesel</td></tr>
<tr><td>Kraftstofftank</td><td colspan="3">65 Liter (im Heck)</td></tr>
</table>

Modell	Mercedes-Benz Typ 230 bzw. 230.6 (W 114 V 23) 1967–1976	Mercedes-Benz Typ 230 bzw. 230.6 lang (W 114 V 23) 1968–1976	Mercedes-Benz Typ 250 und 250 C (W 114 V 25) 1967–1972
Motor	Daimler-Benz M 180 Vergasermotor		Daimler-Benz M 114 Vergasermotor
Zylinderzahl	6 (Reihe)		
Bohrung x Hub	81,75 x 72,8 mm		82 x 78,8 mm
Hubraum	2292 ccm		2496 ccm
Leistung	120 PS (88 kW) bei 5400 U/min		130 PS (96 kW) bei 5400 U/min
Drehmoment	18,2 mkg bei 3600 U/min		20,3 mkg bei 3600 U/min
Verdichtung	1:9		
Vergaser bzw.Einspritzung	2 Register-Fallstromvergaser Zenith 35/40 INAT mit Startautomatik		
Ventile	Hängend, Obenliegende Nockenwelle, Antrieb Duplex-Kette		
Kurbelwellenlager	4		7
Kühlung	Pumpe, 10 Liter Wasser Auf Wunsch: Viscose Ventilatorkupplung		Pumpe, 10 Liter Wasser Viscose Ventilatorkupplung
Schmierung	Druckumlauf, 5,5 Liter Öl		
Batterie	12 V 55 Ah (im Motorraum)		
Lichtmaschine	Drehstrom 55 A (770 W)		
Kraftübertragung	Antrieb auf Hinterräder, dreiteilige Gelenkwelle		
Kupplung	Einscheibentrockenkupplung		
Schaltung	Lenkradschaltung oder Stockschaltung Wagenmitte	Lenkradschaltung	Lenkradschaltung oder Stockschaltung Wagenmitte
Getriebe	4 Gang oder (ab 1969 auf Wunsch) 5 Gang		
Synchronisierung	I–IV bzw. I–V		
Übersetzungen	4 Gang: I. 3,90 II. 2,30 III.1,41 IV. 1,00, 5 Gang: I. 3,96 II. 2,34 III.1,43 IV. 1,00 V. 0,87, auf Wunsch: Automatik. Wählhebel am Lenkrad oder Wagenmitte, hydraul. Kupplung bzw. (ab Aug. 1973) hydraul. Wandler + 4 Gang-Planetengetriebe I. 3,98 II. 2,39 III. 1,46 IV. 1,00	4 Gang: I. 3,90 II. 2,30 III. 1,41 IV. 1,00, 5 Gang: I. 3,96, II. 2,34 III. 1,43 IV. 1,00 V. 0,87, auf Wunsch: Automatik. Wählhebel am Lenkrad oder Wagenmitte, hydraul. Kupplung bzw. (ab Aug. 1973) hydraul. Wandler + 4 Gang-Planetengetriebe I. 3,98 II. 2,39 III. 1,46 IV. 1,00	4 Gang: I. 3,90 II. 2,30 III. 1,41 IV. 1,00, 5 Gang: I. 3,96, II. 2,34 III. 1,43 IV. 1,00 V. 0,87, auf Wunsch: Automatik. Wählhebel am Lenkrad oder Wagenmitte, hydraul. Kupplung bzw. (ab Aug. 1973) hydraul. Wandler + 4 Gang-Planetengetriebe I. 3,98 II. 2,39 III. 1,46 IV. 1,00
Antriebs-Übersetzung	Bis 1970: 3,92, ab 1971: 3,69 bzw. (bei 5 Gang) 3,92	4,08, ab 1971: 3,92	Bis 1970: 3,92 (5 Gang 4,08), ab 1971: 3,69 (5 Gang 3,92)
Fahrwerk	Selbsttragende Ganzstahlkarosserie		
Vorderradaufhängung	Doppel-Querlenker, Schraubenfedern, Zusatz-Gummifedern, Drehstab-Stabilisator		
Hinterradaufhängung	Diagonal-Pendelachse, Schräglenker, Schraubenfedern, Gummi-Zusatzfedern, Drehstab-Stabilisator, auf Wunsch: hydropneumatische Niveau-Regulierung	Diagonal-Pendelachse, Schräglenker, Schraubenfedern, Gummi-Zusatzfedern, Drehstab-Stabilisator, hydropneumatische Niveau-Regulierung	Diagonal-Pendelachse, Schräglenker, Schraubenfedern, Gummi-Zusatzfedern, Drehstab-Stabilisator, auf Wunsch hydropneumatische Niveau-Regulierung
Lenkung	Kugelumlauf (22,7:1), 4,6 Lenkraddrehungen, auf Wunsch: Kugelumlauf (17,3:1) + Servohilfe, 3 Lenkraddrehungen		
Fußbremse	Zweikreis-Hydraulik, Servohilfe Scheibenbremsen vorn (273 mm) und hinten (279 mm)		
Radstand	2750 mm	3400 mm	2750 mm
Spur vorn/hinten	1448/1440 mm		
Gesamtmaße	4680 x 1770 x 1440 mm	5335 x 1770 x 1485 mm	4680 x 1770 x 1440 mm Coupé: 4680 x 1790 x 1395 mm
Felgen	5,5 J x 14 HB	5,5 J x 15 HB	5,5 J x 14 HB
Reifen	6,95 oder 175 S 14 (4 PR) Auf Wunsch bzw. ab 1975 Serie: 175 SR 14	185 HR 15	6,95 oder 175 H 14 (6 PR) Auf Wunsch: 175 SR 14
Wendekreis links/rechts	11,1/11,0 Meter	13,1/13,0 Meter	11, 1/11,0 Meter
Wagengewicht	1385 kg, Automatik + 40 kg	1515 kg, Automatik + 40 kg	1410, Coupé 1390 kg, Automatik + 40 kg
Zuläss. Gesamtgewicht	1885 kg	2200 kg	1880 kg
Höchstgeschwindigkeit	177, Automatik 172 km/h	170, Automatik 165 km/h	185, Automatik 180 km/h
Beschleunigung 0–100 km/h	14 sec	15 sec	13 sec
Verbrauch/100 km	15, Automatik 16 l Super	16, Automatik 17 l Super	16, Automatik 17 l Super
Kraftstofftank	65 Liter (im Heck)		

Modell	Mercedes-Benz Typ 250 CE (W 114 E 25), 1968–1972	Mercedes-Benz Typ 250 und 250 C (W 114 V 28), 1969–1976	Mercedes-Benz Typ 280 und 280 C (W 114 V 28), 1971–1976	Mercedes-Benz Typ 280 E u. 280 CE (W 114 E 28), 1971–1976
Motor	Daimler-Benz M 114, Einspritzmotor	Daimler-Benz M 130, Vergasermotor	Daimler-Benz M 110, Vergasermotor	Daimler-Benz M 110, Einspritzmotor
Zylinderzahl	6 (Reihe)			
Bohrung x Hub	82 x 78,8 mm	86,5 x 78,8 mm	86,0 x 78,8 mm	86,0 x 78,8 mm
Hubraum	2496 ccm	2778 ccm	2746 ccm	
Leistung	150 PS (110 kW) bei 5500 U/min	130 PS (96 kW) bei 5000 U/min	160 PS (118 kW) bei 5500 U/min	185 PS (136 kW) bei 6000 U/min
Drehmoment	21,5 mkg bei 4500 U/min	22 mkg bei 3200 U/min	23 mkg bei 4000 U/min	24,3 mkg bei 4500 U/min
Verdichtung	1:9,5	1:8,7	1:9	
Vergaser bzw.Einspritzung	Elektronisch gesteuerte Benzineinspritzung Bosch	2 Register-Fallstromvergaser Zenith 35/40 INAT mit Startautomatik	1 Doppel-Register-Fallstromvergaser Solex 4 A 1 mit Startautomatik	Elektronisch gesteuerte Benzineinspritzung Bosch
Ventile	Hängend, obenliegende Nockenwelle, Antrieb Duplex- Kette		V-förmig hängend, 2 obenliegende Nockenwellen, Antrieb Duplex-Kette	
Kurbelwellenlager	7			
Kühlung	Pumpe, 10 Liter Wasser Viscose Ventilatorkupplung	Pumpe, 10,6 Liter Wasser Viscose Ventilatorkupplung	Pumpe, 9,7 Liter Wasser Viscose Ventilatorkupplung	
Schmierung	Druckumlauf, 5,5 Liter Öl	Druckumlauf, 6 Liter Öl		
Batterie	12 V 55 Ah (im Motorraum)			
Lichtmaschine	Drehstrom 55 A (770 W)			
Kraftübertragung	Antrieb auf Hinterräder Dreiteilige Gelenkwelle			
Kupplung	Einscheibentrockenkupplung			
Schaltung	Lenkradschaltung oder (außer für 230 bzw. 230.6 lang) Stockschaltung Wagenmitte	Lenkradschaltung oder Stockschaltung, Wagenmitte		
Getriebe	4 Gang oder (ab 1969 auf Wunsch) 5 Gang	4 Gang oder (auf Wunsch) 5 Gang		
Synchronisierung	I–IV bzw. I–V			
Übersetzungen	4 Gang: I. 3,90 II. 2,30 III. 1,41 IV. 1,00 5 Gang: I. 3,96 II. 2,34 III. 1,43 IV. 1,00 V. 0,87, auf Wunsch: Automatik. Wählhebel am Lenkrad oder Wagenmitte, hydraul. Kupplung bzw. (ab Aug. 1973) hydraul. Wandler + 4 Gang-Planetengetriebe I. 3,98 II. 2,39 III. 1,46 IV. 1,00			
Antriebs-Übersetzung	Bis 1970: 3,92 (5 Gang 4,08) Ab 1971: 3,69 (5 Gang 3,92)	3,69 (5 Gang 3,92)		
Fahrwerk	Selbsttragende Ganzstahlkarosserie			
Vorderradaufhängung	Doppel-Querlenker, Schraubenfedern, Zusatz-Gummifedern, Drehstab-Stabilisator			
Hinterradaufhängung	Diagonal-Pendelachse, Schräglenker, Schraubenfedern, Gummi-Zusatzfedern, Drehstab-Stabilisator, auf Wunsch: hydropneumatische Niveau-Regulierung			
Lenkung	Kugelumlauf (22,7:1), 4,6 Lenkraddrehungen, auf Wunsch: Kugelumlauf (17,3:1) + Servohilfe, 3 Lenkraddrehungen			
Fußbremse	Zweikreis-Hydraulik, Servohilfe, Scheibenbremsen vorn (273 mm) und hinten (279 mm)			
Radstand	2750 mm			
Spur vorn/hinten	1448/1440 mm			
Gesamtmaße	4680 x 1790 x 1395 mm	Limousine: 4680 x 1770 x 1440 mm; Coupé: 4680 x 1770 x 1395 mm		
Felgen	5,5 J x 14 HB		6 J x 14 H2	
Reifen	6,95 oder 175 H 14 (6 PR) Auf Wunsch: 175 SR 14	6,95 oder 175 H 14 (6 PR) Auf Wunsch bzw. ab 1975 Serie: 175 SR 14	185 HR 14	185 HR 14
Wendekreis links/rechts	11,1/11,0 Meter			
Wagengewicht	Coupé 1410 kg, Automatik + 40 kg	1420 kg, Automatik + 40 kg	1480 kg, Automatik + 40 kg	
Zuläss. Gesamtgewicht	1900 kg	1915 kg	1975 kg	
Höchstgeschwindigkeit	195, Automatik 190 km/h	180, Automatik 175 km/h	190 km/h	200 km/h
Beschleunigung 0–100 km/h	11 sec	13 sec	11 sec	10 sec
Verbrauch/100 km	16, Automatik 17 l Super			
Kraftstofftank	65 Liter (im Heck)		78 Liter (im Heck)	

Rostfrei in allen Hohlräumen, unbeschmutzt, unbefleckt und unberührt: Mercedes-Neuwagen am laufenden Band. Gut zu sehen: US-Exportversionen entstehen zwischen den Europa-Modellen.